U0243622

教育部人文社会科学研究一般项目成果

城市历史文化街区整体性保护与更新

褚海峰 著

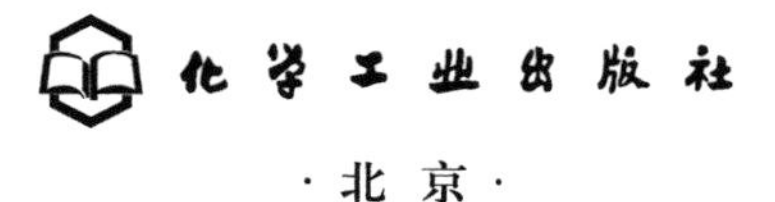

·北京·

内 容 简 介

本书从城市历史文化街区的景观与空间、历史与文化两个方面展开整体性保护与更新的研究。在讲述城市历史文化街区保护与更新的背景、相关概念、理论、政策法规的基础上，通过对我国苏州平江路、成都宽窄巷、济南百花洲、广州永庆坊4个具有代表性城市历史文化街区的保护更新实施状况的实地调查，总结出当前城市历史文化街区保护与更新中普遍存在的问题；并选取桂林东西巷历史文化街区作为追踪研究对象，对该街区保护与更新中的得与失进行深度剖析；进而构建城市历史文化街区整体性保护与更新评价体系，并完成对桂林东西巷历史文化街区保护与更新效果评价；最终提出我国城市历史文化街区整体性保护与更新的实施策略，为历史文化街区的保护与建设提供理论支撑。

本书适用于城乡规划、历史文化街区保护、历史文化名城保护等领域的研究者、实践者，也可作为高等院校城乡规划与设计、建筑学、环境设计及相关专业师生的参考用书。

图书在版编目（CIP）数据

城市历史文化街区整体性保护与更新 / 褚海峰著
. —北京：化学工业出版社，2023.10
ISBN 978-7-122-43933-8

Ⅰ. ①城… Ⅱ. ①褚… Ⅲ. ①城市道路－文化遗产－保护－研究－中国 Ⅳ. ①TU-862

中国国家版本馆 CIP 数据核字（2023）第 146195 号

责任编辑：张　阳　　　　装帧设计：梧桐影
责任校对：李　爽

出版发行：化学工业出版社（北京市东城区青年湖南街 13 号　邮政编码 100011）
印　　装：北京建宏印刷有限公司
710mm×1000mm　1/16　印张 12　字数 280 千字　2023 年 8 月北京第 1 版第 1 次印刷

购书咨询：010-64518888　　　　售后服务：010-64518899
网　　址：http://www.cip.com.cn
凡购买本书，如有缺损质量问题，本社销售中心负责调换。

定　　价：79.00 元

前言

随着我国城市的发展与经济的增长，城市历史文化街区的保护与更新已成为城市规划与城市设计领域的研究热点。然而，当前某些城市历史文化街区保护与更新项目采用居民整体搬迁、街区整体商业化改造等方式进行，最终造成街区只剩躯壳、不见历史文化等“空壳化”“同质化”问题。

习近平总书记2018年考察广州历史文化街区——西关永庆坊时强调，城市文明传承和根脉延续十分重要，传统和现代要融合发展，让城市留下记忆，让人们记住乡愁。历史文化街区是城市传统文化的“根”，保护历史街区既要保护街区的“空间载体”，更要保护街区历史与文化的传承“人”。

本书立足于城市历史文化街区中景观与空间、历史与文化的保护研究，明确我国城市历史文化街区整体性保护与更新的具体内容与范畴。在此基础上，通过对苏州平江路、成都宽窄巷、济南百花洲、广州永庆坊4个代表性城市历史文化街区的实地调查，发现和总结当前城市历史文化街区保护与更新中普遍存在的共性问题。继而选取桂林东西巷历史文化街区作为追踪研究对象，通过对该街区景观与空间、历史与文化保护更新的状况与问题进行深度分析，接着结合文献研究、实地调研、典型案例追踪研究的成果，运用层次分析法，构建城市历史文化街区整体性保护与更新的评价体系，并利用该体系对桂林东西巷历史文化街区保护与更新效果进行评价分析，找出该街区在保护与更新中具体的优点与不足。最终在上述研究的基础上，归纳总结出造成城市历史文化街区保护与更新共性问题的具体成因，提出街区整体性保护与更新的具体原则、措施与方法，让城市历史文化街区能够在延续街区历史、保护街区文化的同时，跟上城市建设与发展的步伐，最终成为一张闪亮的城市文化名片。

本书获得了教育部人文社会科学研究一般项目“历史文化名城保护中历史街道的空间记忆与文化传承研究”（18YJA760009）、广西哲学社会科学规划课题“广西城市历史街区空间记忆与文化生态整体性保护及评价研究”（21BSH001）的资助。出版之际，特别感谢在本书撰写过程中，刘亚军、丁兆龙、黄书华同学在资料收集、数据整理方面提供的帮助。限于笔者的学识水平，书中难免有不足之处，敬请各位读者批评指正。

褚海峰

于桂林电子科技大学

2023年6月

目录

第一章 · 绪论

第一节 | 城市历史文化街区保护与更新的背景 ——— 002

第二节 | 城市历史文化街区相关概念 ——— 003

第二章 · 城市历史街区保护与更新的理论

第一节 | 国际相关文件与政策发展脉络 ——— 008

第二节 | 国内外城市历史街区保护与更新研究现状 ——— 010

第三节 | 城市历史街区保护与更新的几种经典理论 ——— 015

第三章 · 城市历史街区保护与更新的政策与法规

第一节 | 国外关于城市历史街区保护与更新的法律法规 ——— 018

第二节 | 我国关于城市历史街区保护与更新的政策与法规 ——— 021

第三节 | 各国历史街区保护与更新相关政策法规及执行比较 ——— 025

第四章 · 几个典型城市历史文化街区的保护与更新

第一节 | 我国城市历史文化街区保护与更新发展历程 ——— 029

第二节 | 我国城市历史文化街区保护与更新现状 ——— 032

第三节 | 苏州平江历史文化街区有机更新 ——— 032

第四节 | 成都宽窄巷历史文化街区整体改造 ——— 042

第五节 | 济南百花洲历史文化街区渐进式保护与更新 ——— 054

第六节 | 广州永庆坊历史文化街区微改造 ——— 060

第七节 | 我国城市历史文化街区保护与更新中的共性问题 ——— 072

第五章 · 桂林东西巷的复兴

第一节｜桂林城市概况 ——— 079

第二节｜桂林东西巷的历史变迁 ——— 082

第三节｜桂林东西巷景观空间与历史文化底蕴 ——— 087

第四节｜东西巷在桂林城市中的地位与价值 ——— 096

第五节｜东西巷的困境与机遇 ——— 099

第六节｜东西巷整体性保护更新的目标与措施 ——— 107

第七节｜东西巷整体性保护与更新 ——— 109

第八节｜东西巷整体性保护与更新的成效 ——— 143

第六章 · 城市历史文化街区整体性保护与更新评价

第一节｜城市历史文化街区整体性保护与更新的影响因素 ——— 147

第二节｜城市历史文化街区整体性保护与更新评价体系构建 ——— 148

第三节｜层次分析法的运用 ——— 152

第四节｜城市历史文化街区整体性保护与更新指标权重 ——— 155

第五节｜城市历史文化街区整体性保护与更新评价指标权重解析 ——— 157

第六节｜桂林东西巷历史文化街区整体性保护与更新评价 ——— 161

第七章 · 城市历史文化街区整体性保护与更新策略

第一节｜城市历史文化街区保护与更新实践共性问题成因 ——— 171

第二节｜城市历史文化街区整体性保护与更新的策略 ——— 174

参考文献

第一章

绪论

第一节

城市历史文化街区保护与更新的背景

人们形容一座城市历史久远，常常会用到“千年之城”一词，说起城市中古老街区历史与文化的醇厚，也将其形容为“百年街区”，其中深意不言而喻。一座城市的建成历时千年，而一个城市街区中历史与文化的沉淀则需百年以上。如果将城市比喻为一个生命体，城市传统历史文化街区就是构成城市生命体的核心细胞。城中最具代表性的传统历史文化街区蕴含着城市历史与文化的根与魂。习近平总书记2018年考察广州历史文化街区——西关永庆坊时强调，城市文明传承和根脉延续十分重要，传统和现代要融合发展，让城市留下记忆，让人们记住乡愁。由此可见，城市历史文化街区的保护与更新对一个城市历史与文脉传承的重要性。

然而，目前城市历史文化街区的保护与更新却处于城市体量、城市人口爆发性增长所带来的危机中。随着国内经济的深化改革、产业结构的调整，我国城市建设规模与速度都进入了高速建设与发展模式。我国于2012年进一步提出加快城镇化进程的政策，城市化率飞速提升。据国家统计局发布的相关数据显示，2010年我国城镇人口占比为49.95%，至2021年升至64.72%[1]。大量人口进入城市，产生了快速城市化的建设需求，城市建设对土地需求激增，但由于我国18亿亩（1亩＝666.7m^2）耕地红线的严格控制，城市不可能无限增量性扩张。因此，城市的发展势必要从新城的扩建转向对旧城的更新。国家文物局2015年公布的数据显示，全国135个国家历史文化名城中近20个城市的历史文化街区已经在城市开发中消亡，近一半街区不再具备历史文化街区的特征。由于城市的发展需求与历史文化街区的保护之间的矛盾愈发激烈，历史文化街区的保护与更新将面临危机与挑战。与此同时，随着我国人民生活水平的提升，人们的生活方式也逐渐发生转变，人们对生活品质提出了更高的要求。传统历史文化街区陈旧的功能与环境已经无法满足人们的生活需求，所以对传统历史文化街区的更新也势在必行。

在城市飞速发展的潮流下，城市历史文化街区如何跟上城市发展的脚步，同时还能对街区独有的地方性历史与文化加以保护，已经成为历史文化街区整体保护与更新研究的重要课题。

本书在发现我国城市历史文化街区保护与更新中共性问题及产生原因的基础上，构建历史文化街区整体性保护与更新状况评价机制，进而提出历史文化街区整体性保护与更新策略，助力我国城市历史文化街区保护与可持续发展。

本书内容主要包括城市历史文化街区的景观与空间、历史与文化整体性保护与更新两个

---

❶ 数据来源：国家统计局发布的《2022中国统计年鉴》。

方面，即主要从物质性与非物质性两个层面探索关于城市历史文化街区的整体性保护与更新。

1. 历史文化街区景观的整体性保护与更新

“景观”在英文中为“landscape”，在德语中为“landschaft”。其含义与“风景”“景致”“景色”相一致。近代学术研究中“景观”概念最早见于地理学，是地理学研究的分支。19世纪末20世纪初，景观学作为一门独立学科逐渐形成。德国地理学家齐格弗里德·帕萨尔格（Siegfried Passarge）出版了《景观学基础》和《比较景观学》两本著作，书中指出，“景观是相关要素的复合体”。另一位德国自然地理学家亚历山大·冯·洪堡（Alexander von Humboldt）指出：“景观是一个地理区域的总体特征。”对于景观设计学科来说，“景观”特指土地及土地上的空间和物体所构成的综合体。

在本书中，历史文化街区景观的保护与更新的研究范围主要包括：街区整体功能保护与提升、街区空间景观保护与更新、街区建筑景观保护与更新、街区文化景观保护与更新，以及街区历史文物景观保护与展示五个维度。

2. 历史文化街区历史与文化的整体性保护与更新

“文化”（culture）一词含义较广，不同的学科都有不同的诠释。在我国，文化一词出自《周易·贲·彖》，“刚柔交错，天文也；文明以止，人文也。观乎天文，以察时变，观乎人文，以化成天下”。一般说来，“文化”指人类在社会历史发展过程中所创造的物质财富和精神财富的总和。

在本书中，历史文化街区历史文化的保护与更新主要涉及街区文化生态系统的保护、街区历史的保护与呈现、街区地方文化的保护与继承、街区生活文化的保护与延伸、街区历史名人文化的保护与推广，以及街区商业文化的保护与传承六个维度。

第二节

城市历史文化街区相关概念

一、历史街区

历史街区（historic district）是一个国际上常用的学术名词，主要是指城市中具有历史与文化内容的历史地段和区域。“历史街区”这一学术概念首先出现在1933年8月国际现代建筑协会（Congrès Internationald' Architecture Modern，CIAM）在雅典通过的《城市规划大纲》（即《雅典宪章》）中。《雅典宪章》中提出的“历史街区”概念是“有历史价值的建筑和地区”，特指以历史建筑与文物为中心的局部地段，这与后期出现的“历史街区”“历史区域”等学术概念有所区别。

目前，“历史街区”一词在国际上有一些通用的基本含义，但是由于各个国家历史与文化背景不容，研究所属历史时期不同，因此在不同国家、不同时期其所含内容也有一定差异。《关于历史地区的保护及其当代作用的建议》（简称《内罗毕建议》）中所提到的“历史区域（historic areas）”一词所含内容甚多，涵盖了城市和乡村中历史城镇（historic towns）、城市街区（urban quarters）、老聚落（old hamlet）、老乡村（old villages）等方面。《保护历史城镇与城区宪章》（简称《华盛顿宪章》）中出现的“历史城区（historic urban areas）”概念进一步强调了区域的城市属性，其内涵可以是指完整的城市（cities）、城镇（towns），也可以特指城市当中的历史中心（historic centers）或者历史街区（historic quarters）。日本关于历史街区的研究中有“历史的町”的提法，“历史的町”倾向于“历史街区”的概念。目前在国际通用学术概念中，“历史街区”可以被理解为“历史区域”中所含的部分特定类型。

我国有历史街区的特定概念，即“历史文化街区（famous neighborhood，villages or towns of historical and cultural value）”。这一名词被2002年修订的《中华人民共和国文物保护法》（简称《文物保护法》）采用后，成为法定名词。其定义为“保存文物特别丰富并且具有重大历史价值或者革命纪念意义的城镇、街道、村庄，由省、自治区、直辖市人民政府核定公布为历史文化街区、村镇，并报国务院备案”。2003年，建设部颁布的《城市紫线管理办法》依据《文物保护法》继续沿用“历史文化街区”这一名词。2005年颁布的《历史文化名城保护规划规范》（GB 50357—2005）采用了“历史文化街区”一词，并将其英文名称确定为historic conservation area，进一步将该名词定义为，“经省、自治区、直辖市人民政府核定公布应予重点保护的历史地段，称为历史文化街区”。2008年《历史文化名城名镇名村保护条例》也采用了“历史文化街区”这一法定名词，明确为“经省、自治区、直辖市人民政府核定公布的保存文物特别丰富、历史建筑集中成片、能够较完整和真实地体现传统格局和历史风貌，并具有一定规模的区域”，此后文物部门和建设部门都统一使用了“历史文化街区”这一法定名词（表1-1）。

“历史文化街区”内容覆盖面较广，不但包括城市的历史地段，也包括了一些城镇中的历史文化集中区域，如丽江古镇、平遥古镇等。本书主要探讨对城市中的历史文化街区进行的整体性保护与更新。在城市中，历史文化街区主要包括居住型、商业型、文教型、生产型及多功能复合型几个类型，其中生产型历史文化街区较少，因此不作为本书的重点。

表1-1　我国法律法规中历史文化街区的定义汇总表

时间	我国法律法规	历史文化街区定义
2002年	《中华人民共和国文物保护法（修订）》	正式采用“历史文化街区”一词，定义为“保存文物特别丰富并且具有重大历史价值或者革命纪念意义的城镇、街道、村庄，由省、自治区、直辖市人民政府核定公布为历史文化街区、村镇，并报国务院备案”，将历史文化街区列入不可移动文物范畴
2003年	《城市紫线管理办法》	沿用2002年《文物保护法》“历史文化街区”的定义
2005年	《历史文化名城保护规划规范》（GB 50357—2005）	正式定义为：“经省、自治区、直辖市人民政府核定公布应予重点保护的历史地段，称为历史文化街区”
2008年	《历史文化名城名镇名村保护条例》	正式定义为“经省、自治区、直辖市人民政府核定公布的保存文物特别丰富、历史建筑集中成片、能够较完整和真实地体现传统格局和历史风貌，并具有一定规模的区域”

二、整体性保护与更新

历史街区保护中“整体性”概念出现得较早。1975年欧盟为振兴处于萧条和衰退中的欧洲历史城市和保护文物古迹，发起了“欧洲历史遗产年”活动。1976年欧洲经济共同体通过7628号议案，提出把历史城市视为一个整体，将“整体保护”概念运用在历史城市保护方面[1]。在国内学术界，1982年针对历史文化名城的保护，首次提出了“整体性保护”的概念。整体性保护不仅包括物质空间环境保护，而且包含非物质文化遗产的保护与传承、生活环境的改善与提升，以及社会网络结构的保持等内容[2]。现阶段的研究，已经从单纯的保护阶段发展到保护与更新一体的阶段，因此历史文化街区作为历史文化名城最具代表性的区域，在研究上同样遵循“整体性”保护与更新的概念。

本书所涉及的“整体性”保护与更新概念，在原有基础上进一步扩大。具体范围既包括了街区景观——物质层面，也包括了街区文化——非物质层面，更包括了生活在街区中的居民。本研究将街区空间与景观、街区历史与文化、街区居民视为一个有机整体，讨论历史文化街区保护与更新中的得失，寻找历史文化街区可持续保护与发展的途径。

三、文化生态

文化生态学（cultural ecology）是随着20世纪中期科学主义与人文主义由分立、对抗走向融合的趋势发展起来的一门新兴学科。文化生态学最早由美国人类学家朱利安·海内斯·斯图尔德（Julian Haynes Steward）1955年在其著作《文化变迁理论：多线性变革的方法》（*Theory of Culture Change*：*The Methodology of Multilinear Evolution*）中首次提出。1939年德国学者特罗尔（C.Troll）提出景观生态学（Landscape Ecology）理论，它是以整个景观为对象，通过物质流、能量流、信息流与价值流在地球表层的传输和交换，通过生物与非生物之间的相互作用与转化，运用生态系统原理和系统方法研究景观结构和功能、景观动态变化及相互作用机理，研究景观的格局美化、结构优化、合理利用和保护的学科。其最大的特点是将城市景观及城市历史的保护置于不同的空间结构、功能及动态变化中讨论。此后，文化生态学积极吸收景观生态学、文化人类学、文化地理学、城市社会学等相关学科的理论营养，成为研究人类文化与环境之间相互关系的一门学科，其核心思想在于，文化不是片面的存在，而是相互作用的，具有自身代谢性的文化生态系统。

文化生态作为文化生态学的基本概念，主要指相互交往的文化群体从事文化创造、文化传播及其他文化活动的背景和条件。文化生态主要包括自然环境、经济环境和社会组织三个层次，以及对应形成的自然、经济、社会三位一体的复合结构。在宏观层面上，文化生态本身就是一个系统，每一种文化均是一个独立的生命单体，各种不同的文化在整个文化生态系统中会形成不同的文化群落，并通过生态核、生态基、生态库和生态链相互制约、相互促进，形成生态文化平衡。在历史文化街区保护与更新方面，我国学者通过对街区历史与文化、景观与空间研究发现，在不同的文化、空间环境背景下，人与环境相互影响、相互作用，从而产生了多元化的人地耦合关系、地方知识体系和相应的文化生态系统。

从城市历史文化街区与街区文化的联系上可以看出，文化与特定的空间环境景观是密不可分的。街区文化生态的保护是街区文化保护与更新中的重要组成内容。本书中的历史文化街区文化生态所包含的生态核、生态基、生态库及生态链，对应的是街区居民、街区空间、街区文化、街区居民习俗与活动四个方面。历史文化街区中的文化生态是一个文化复合系统。具体而言，街区居民秉承长期以来形成的生活习惯，在街区各类景观空间中进行生产、生活、学习等活动，在活动中创造出丰富多彩的街区历史文化，四者相互作用共同构成了历史文化街区独具特色的文化生态系统。

第二章

城市历史街区保护与更新的理论

第一节

国际相关文件与政策发展脉络

1933年8月，国际现代建筑协会（CIAM）在雅典会议上制定了一份关于城市规划的纲领性文件《城市规划大纲》（即《雅典宪章》）。《雅典宪章》中专门指出关于“有历史价值的建筑和地区”中“地区”一词，所指的是以历史建筑或文物建筑为中心的局部地段。这样的阐述表明了当时城市保护观念发生的变化，即由保护个体建筑拓展为对其周围环境的保护。这是人们第一次在保护思路上转变为整体保护的思路，但没有明确提出整体保护的概念，却为以后的城市保护思路奠定了可供借鉴的基础。

1964年5月，从事历史文物建筑工作的建筑师和技术人员国际会议（International Council on Monuments，ICOM）在威尼斯召开第2次大会，通过了《国际古迹保护与修复宪章》（即《威尼斯宪章》）。《威尼斯宪章》中首次提出从环境的角度对历史文化名城进行保护，并首次提出历史地段是指“文物建筑所在的地段”，应作为一个整体进行保护的原则[3]。它同时指出：“历史建筑不仅包括单个建筑物，而且包括能够从中找出一种独特的文明，一种有意义的发展或一个历史事件见证的城市或乡村环境。”[4]该宪章的颁布，进一步提出了整体保护的思想，与《雅典宪章》相同的是，它虽然没有明确提出“整体保护”的具体概念与定义，但是再次明确对城市的保护从单体文物建筑的保护转向区域化整体保护的方向。

1968年，联合国教育、科学及文化组织（United Nations Educational，Scientific and Cultural Organization，UNESCO，简称“联合国教科文组织”）在巴黎召开第15届大会，通过了《关于保护受到公共或私人工程危害的文化财产的建议》。该建议清晰地定义了“文化财产”这一概念，指出其包含不可移动文化财产（传统建筑及建筑群、历史住宅区、地上及地下的考古或历史遗址及关联的周围环境）和可移动文化财产（埋藏于地下的和已经发掘出来的，以及存在于各种不可移动的文化财产中的物品）两个方面。该建议对于历史文化名城保护最大的贡献在于提出了“就地保护”和“整体保护”两大原则，进一步发展了“整体保护”概念，并创造性地提出“就地保护”的原则，对于其他国家的“文化财产”保护提供了借鉴意义。城市历史街区是城市中最具代表性的“文化财产”之一，因此关于历史街区的保护和更新研究同样遵循该建议提出的两大原则。

1976年，联合国教科文组织在肯尼亚首都内罗毕召开第19届大会，通过了《内罗毕建议》，明确提出了“历史地区”概念，即“历史的或传统的建筑群”。同时确定了“整体性”保护原则，指出“每一历史地段及其周围环境应从整体上被视为一个相互联系的统一体”，将历史地区作为整体进行协调和保护，保护内容包括历史地段中“人类活动、建筑物、空间结构及周围环境”[5]。《内罗毕建议》是首个专门针对历史地段保护的纲领性文件，对于历史街区的保护研究具有里程碑式的意义。

1977年，从事城市规划研究方面的专家学者聚集在利马，以《雅典宪章》为出发点进行了讨论，并在秘鲁马丘比丘签署《马丘比丘宪章》[6]。《马丘比丘宪章》首次提出要保护当地传统文化等非物质文化的概念，“不仅要保存和维护好城市的历史遗迹和古迹，而且还要继承一般的传统文化，一切有价值的社会文明和民族特性的文物必须被保护起来”，保护的范围进一步扩大。此外，该宪章还提出了“再生”的概念，强调城市历史与文化的保护工作必须和城市建设相结合的观点，保护理念由整体性保护上升到城市保护与再生、更新相结合的高度。目前，城市历史街区的保护深受该宪章的影响，同样强调保护与再生并重、街区物质与非物质文化共同保护的原则。

1981年，国际古迹遗址理事会与国际历史园林委员会在佛罗伦萨召开会议。1982年，国际古迹遗址理事会通过了《佛罗伦萨宪章》，将其登记为《威尼斯宪章》的附件和补充。该宪章将城市历史园林景观同样纳入了城市保护更新的范畴。城市历史文化街区作为城市文化体现的核心部分，街区历史、文化园林景观也是历史街区的保护与更新中的重要组成部分[7]。

1987年，国际古迹遗址理事会（International Council on Monuments and Sites，ICOMOS）在华盛顿哥伦比亚特区举行第8届全体大会，会议主要通过了《华盛顿宪章》。《华盛顿宪章》作为一份关于历史建筑和历史性城市保护的重要国际性文件，总结了世界上历史城市和历史地段的保护工作开展多年来所积累的宝贵经验。宪章明确了历史街区、历史城镇、历史城区保护的意义与作用，并提出历史城市、历史街区保护与城市发展的必要关联。《华盛顿宪章》认为城市文化与特色是城市保护工作的重点，应当鼓励当地居民参与到保护工作当中。《华盛顿宪章》首次将城市与城市历史街区的保护范围扩大到对居民的保护，将地方性文化作为城市历史文化保护的组成部分[8]。

1994年，联合国教科文组织世界遗产委员会（UNESCO World Heritage Committee）在日本古都奈良召开了第16次会议，发布了《关于原真性的奈良文件》（又称《奈良真实性文件》或《奈良文件》）。会议对“原真性”问题展开了详尽的讨论，提出对于文化遗产“原真性”评判需要放在所属文化环境中进行。在《实施世界文化遗产公约的操作指南》阐明的文化多样性的基础上，《奈良文件》进一步强调了文化多样性对人类发展的重要性。城市历史街区作为城市的“活态”文化遗产，在保护与更新中同样适用于“原真性”与多样性原则[9]。

1996年，国际古迹遗址理事会（ICOMOS）通过了《圣安东尼奥宣言》，该会议讨论了《奈良文件》中的若干缺陷，详细阐述了原真性概念，并且进一步对“原真性”的内涵和意义进行了扩展。该宣言再次强调了“原真性”与文化多样性在历史文物和历史城区保护中的重要性[10]。

2005年，世界遗产与当代建筑国际会议在维也纳通过了《维也纳保护具有历史意义的城市景观备忘录》（简称《维也纳备忘录》）。该文献指出“历史性城市景观指自然和生态环境内任何建筑群、结构和开放空间的整体组合”，“这些景观构成了人类城市居住环境的一部分，从考古、建筑、历史、科学、美学、社会文化或生态角度看，景观与城市环境的结合及其价值均得到认可”。同时提出城市景观需要综合考虑当代建筑、城市可持续性发展和景观完整性之间的关系，将城市历史景观放在可持续性保护与更新的整体性框架内讨论问题，城市历史街区景观保护与更新亦是如此。

《雅典宪章》发布至今，学界对城市历史文化街区保护与更新的研究从未中断，众多学者的研究为城市历史街区的整体性保护与更新奠定了丰富而坚实的理论研究基础。从这些文献的主要内容可以看出，随着研究的积累和深入，历史城市、城市历史街区保护与更新的内涵一步步地拓展，保护与更新理论逐步丰富。从历史建筑的单体保护发展到城市街区景观的整体性保护；从对城市地段单纯的保护发展到保护与更新并重；从城市历史文化街区物质性的保护扩展到物质与非物质保护更新并重；从历史文化街区“原真性”（authentic）保护发展到在保护街区“原真性”基础上寻求可持续的发展路径。

第二节

国内外城市历史街区保护与更新研究现状

一、国外关于城市历史街区保护与更新的研究

国外关于城市历史街区保护与更新起源于历史纪念物与文物建筑的保护，其理论的发展经历了漫长的过程。城市历史街区的保护与更新经历了三次较大的观念性转变：第一次转变，对教堂、剧院、历史遗迹等历史性建筑进行保护；第二次转变，对具有历史文化的居民住宅建筑进行保护，其保护范围开始从单体建筑扩大到建筑群及建筑周边环境方面，开始涉及街区环境的保护与更新；第三次转变，对历史街区的建筑和景观进行保护与更新，保护范围由单纯的物质文化保护扩展到了非物质文化保护，对城市历史街区的保护与

更新进行有针对性的研究。

国外对城市历史街区保护与更新的相关研究主要从城市整体保护与更新、城市历史街区景观保护与再生、城市历史街区文化保护与更新三个方面展开。

1. 城市整体保护与更新的研究

国外关于城市整体保护与更新的研究主要集中在城市总体规划、城市整体环境保护、城市历史文化特色保护等方面。主要观点包括：第一，城市规划形式不能过于单一，在规划和更新的过程中不仅要强调城市整体环境的提升，更重要的是在城市文化层面强调采用以人为本的原则进行保护与更新（凯文·林奇，1960）[11]；第二，城市的更新首先要认识到城市历史环境文化的价值，只有将城市更新与城市历史环境和历史事件相结合，才能让城市整体保护与更新具有意义（O. N. 普鲁金，1997）；第三，在城市整体设计中考虑城市地方特色和街区中的场所精神，在城市的更新中需要对城市的传统风貌和历史特色进行保护（罗杰·特兰西克，2008）。

20世纪60年代伊始，西方学者提出了城市整体保护需要关注城市历史文化价值的观点，为城市历史街区保护中的文化保护指明了方向。

2. 城市历史街区景观保护与再生的研究

国外关于城市历史街区保护与再生的研究主要从历史街区与城市发展共生、历史街区与居民关系、城市街区原真性保护等方面展开。主要观点包括：第一，提出理想的城市街区空间形态，并针对街区安全性保护提出“街道眼”理论（简·雅各布斯，1961）[12]；第二，历史街区作为城市设计规划的重要元素之一，应该与城市发展联系在一起，街区的规划需要考虑人群的感受与需求（克里夫·芒福汀，2004）；第三，城市街区的再生没有普遍性标准，历史街区的再生需要尊重城市历史肌理，尽量保留街区的原有特性（史蒂文·蒂耶斯德尔等，2006）[13]。

20世纪60年代初，西方学者提出历史街区保护需要重视对街区居民进行保护的观点。21世纪，专家学者对历史街区的保护理论研究已获得较大的进展，对历史街区保护的范围进一步扩大，更加强调对街区历史与文化的续存性保护。

3. 城市历史街区文化保护与更新的研究

国外关于城市历史街区在文化层面的保护与更新的研究主要从街区居民的邻里关系、街区社会文化、街区地方文化及街区文化生态方面入手。主要观点包括：第一，城市街区的保护强调街区居民的参与机制，不但要考虑保护自然和文化遗产资源的各种价值，还要考虑保证原住地居民的生存权利，保护或协调街区居民的利益（甘斯，2003）；第二，从人类学的角度考虑居民邻里社会关系与街区保护之间的内在联系，强调街区的保护要考虑街区居民社群的归属感，只有保护和修复融洽的邻里关系，街区才具有保护的意义和价值（马克·戈特迪纳，2013）；第三，从街区中居民日常生活文化的视角出发，研究历史街区的文化特征、领域性和社交性，提出居民日常生活的行为和特征也是历史街区社会文化层面保护的重要内容（维卡斯·梅赫塔，2016）；第四，从文化生态学的角度分析街区文化的系统性特征，提出街区保护要重视对居民文化信仰、思想观念和风俗习惯等地方文化的保护，注重街区文化生态的可持续性（丹尼尔·约瑟夫·蒙蒂，2017）。

国外关于城市历史街区文化保护，尤其是对街区文化生态系统保护的理论在21世纪初逐渐成熟。国外多位学者开始更加注重对历史街区文化层面的保护，尤其是对街区中原生居民社会关系和文化生态的保护，街区保护范围再一次扩展，保护观念随着保护体系的完善也愈加成熟。

二、我国关于城市历史街区保护与更新的研究

国内关于城市历史街区保护与更新的研究真正开始于20世纪80年代。我国全面实行改革开放后才逐渐重视对历史街区的保护，相对于西方国家而言起步较晚。由于诸多历史原因，在20世纪80年代之前，我国对历史城市、历史街区的保护实施不到位。伴随着我国经济的腾飞，关于城市历史街区保护与更新的研究获得了跨越式的进展，逐渐跟上了世界的步伐。国内关于历史街区保护与更新的研究主要从历史文化名城保护与更新、城市历史街区总体规划、城市历史街区保护、城市历史街区更新四个方面展开。

1. 历史文化名城保护与更新的研究

我国关于历史文化名城保护与更新的研究主要从城市特色和风貌、城市整体保护、城市历史文脉保护、城市功能复兴方面入手。主要观点包括：第一，提出历史文化城市是各个历史阶段留下的实物的集合，是研究社会发展、科学技术发展、文化艺术发展的重要例证和源泉，历史文化名城都应具有独特的城市特色和风貌（阮仪三，1996）[14]；第二，提出历史文化名城的规划是解决保护和发展问题的重要组成部分，保护方式要从城市整体出发，把历史保护和城市的发展战略、总体规划布局结合起来，从不同层次进行统筹考虑，才能有效保护城市历史环境和整体秩序（张松，2008）[15]；第三，提出城市形态和历史文脉是构成历史文化名城的两大基本要素，应当正确认识和把握二者关系，采取合理方式，在保护形态特征的同时，能够使历史文脉得以传承（边宝莲、曹昌智，2009）；第四，从功能复兴的视角对历史文化名城进行整体保护研究，提出历史文化名城的保护要通过创新

的思路来实现城市文脉传承与城市生活品质改善的双赢，运用保护手段发挥文化遗产的产业价值（韩卫成，2017）。

在20世纪末，国内就有学者提出对城市的特色和风貌等物质层面进行保护，直到21世纪初才有学者针对城市非物质文化层面提出整体保护的理念。我国对于城市保护的研究虽然起步较晚，但是随着国家和地方政府对历史文化名城保护的重视，以及大量学者和专家的呼吁，历史文化名城的保护理论发展至今，研究成果也较为丰硕。

2. 城市历史街区总体规划的研究

我国关于城市历史街区规划的研究主要从城市发展与规划的矛盾性、历史街区整体价值、历史街区文化生态、历史街区文脉方面展开。主要观点包括：第一，从城市发展与规划矛盾性的视角发现街区空间演变的内在逻辑，其中街区生活是历史街区规划不可忽视的重要因素，生活是空间整体性和复杂关联性的结合，体现着一个城市的生活感（龙元，2006）[16]；第二，历史街区的规划要秉承保护与传承的观念，对历史街区的保护规划有利于延续城市的文脉发展，恢复街区活力，从而提升街区的整体价值（张红艳，2012）；第三，基于文化生态理念，以宏观、整体、系统的视角研究历史街区，从物质形态、文化与社会经济、文化价值、社会民生层面提出历史街区的规划重点（邵宁，2016）；第四，提出在全球化发展的背景下，将历史街区文化纳入城市总体规划编制中，历史街区的文化脉络是城市的灵魂，与城市的文化产业发展息息相关（刘贝、邓凌云，2018）。

21世纪初是我国关于城市历史街区保护理论较为丰富的时期，也是历史街区保护观念发生转变的重要时期。随着城市的快速发展，街区规划层面的保护理论研究开始扩大到街区文脉的保护，重点强调了街区规划要体现街区的文化价值。

3. 城市历史街区保护的研究

我国关于城市历史街区保护的研究主要从历史街区“微循环式”保护、历史街区整体保护、历史街区文化多样性保护、历史街区可持续性保护方面入手。主要观点包括：第一，认为历史街区的保护是一个动态循环的过程，只有将保护的对象划定“微型化”，让新旧建筑物更替的过程“微型化”，才能做到在有序的循环保护与更新过程中对街区整体风貌的持续保护（宋晓龙、黄艳，2000）；第二，提出以人文精神、可持续发展和交往实践观为理论依据，为整个城市地方性历史文化系统和历史街区营造现代化生活系统，建立起人和物、局部和整体、传统和现代兼顾的一种历史街区整体保护模式（梁乔，2005）；第三，提出历史街区保护要从文化生态学视角出发，从物质文化形态层面、文化与社会经济层面及文化价值与社会民生层面提出街区保护重点（黄焕等，2010）[17]；第四，基于

“动态”视角看待历史的“过程”性和“层次”性，建立历史街区的可持续性系统保护观念（杨涛，2014）。

国内多位学者对于城市历史街区保护提出了整体保护、动态保护、可持续性保护等丰富的理论，其中针对历史街区的文化物种多样性保护理论尤为丰富，体现出我国对历史街区的保护体系逐渐成熟。

4. 城市历史街区更新的研究

我国关于城市历史街区更新的研究主要包括历史街区的有机更新、微循环更新、微更新改造等方面。主要观点包括：第一，提出城市街区小规模整治与改造的有机更新（organic renewal）理论，城市的更新要通过持续的城市“有机更新”走向新的“有机秩序”（吴良镛，1994）[18]；第二，让历史街区在一种相对稳定的状态下更新，而更新的内容应当与其传统历史特征保持一种内在的联系，按照原貌进行小规模更新重建，实行老建筑的自我更新，形成有机微循环的更新模式（陆翔，2001）；第三，基于复杂网络理论整体分析历史街区公共空间系统，通过实证检验街区公共空间网络和居民活动路径网络的匹配问题，对历史街区微更新的时效性进行研究（黄健文、朱雪梅、张伟国，2019）；第四，通过整体、系统的文化生态学理论和方法开展历史街区的保护与更新，提出从保护文化生态多样性、强化历史肌理系统性及增强街区文化可持续三方面进行保护与更新研究（李剑华、司方慧，2018）。

从20世纪末吴良镛先生提出有机更新的观念开始，大量学者和专家针对城市历史街区现状提出了街区更新的新方法。与此同时，将这些理论运用于实践当中，进一步总结和完善。

三、国内外研究比较

相较而言，我国对历史街区的保护与更新研究起步较国外晚，但是基本上都经历了从对历史建筑的单一保护发展到对历史城市、历史街区整体性保护与更新，从仅仅重视历史街区物质性保护发展到物质性保护与文化保护并重，从对历史街区“静态”保护发展到“动态”活化的研究过程。城市历史街区保护与更新的研究逐渐从单一设计学科拓展到城市设计学、城市社会学、文化生态学等多个学科交叉。

自吴良镛先生提出历史街区有机更新理论以来，历史街区的保护与更新的研究内容也逐渐丰富。随着国家和地方政府支持力度的加大，历史街区保护与更新的理念也与时俱进，在理论研究上同样取得了丰硕的学术成果。

第三节

城市历史街区保护与更新的几种经典理论

一、有机更新理论

有机更新理论作为城市历史街区保护与更新的重要理论，由我国著名学者吴良镛先生提出。1979年，吴先生在领导北京什刹海历史街区规划时提出了有机更新理论的雏形，即“主张对原有居住建筑的处理根据房屋现状区别对待。质量较好、具有文物价值的予以保留；房屋部分完好的予以修缮；已破败的予以更新”[19]。1989年，吴先生在北京菊儿胡同改造中将有机更新的思路进一步在实践中完善。先生明确提出，所谓“有机更新”即采用适当规模、合适尺度，依据改造的内容与要求，妥善处理目前与将来的关系——不断提高规划设计质量，使每一片的发展达到相对的完整性，这样集无数相对完整性之和，即能促进北京旧城的整体环境得到改善，达到有机更新的目的。

对于历史街区保护与更新来说，有机更新理论包括以下含义：①历史街区的整体有机性，历史街区作为街区居民生活的空间载体，从街区空间整体到局部都是一个有机整体（organic wholeness），街区各个空间部分都像一个生命体的细胞组织，互相联系、互相作用，有序且充满活力；②历史街区更新的有机性，街区就像一个生命体，构成街区的细胞组织同样需要新陈代谢，街区空间也是需要不断进化不断更新的，但是更新过程中需要遵循街区原有空间肌理；③更新过程的有机性，如同生物体的新陈代谢会遵从其内在的秩序和规律，同样历史街区的更新也需要遵从街区的历史与文脉进行逐渐的、连续的、自然的代谢更新。

本书将借鉴吴良镛先生的有机更新理论，将城市历史街区视为一个具有生命力的有机整体，对历史街区中的街区景观与街区文化进行渐进性的有机保护与更新研究，让历史街区景观与文化得以活化和传承。

二、整体性保护与更新理论

1975年的欧洲建筑遗产年大会上通过的《阿姆斯特丹宣言》，首次提出了“整体保护”（integrated conservation）的概念，即从对单体建筑的保护扩大到对自然环境、人文环境、文化特色等都加以保护。在历史街区保护领域，街区的整体保护既要保护有价值的历史建筑，更要保护原生居民和生活状态。随着研究的推进，同济大学张松教授提出“整体性保护是一种活的保护、一种文化保护：不只是保存历史建筑物，考虑建筑遗产的美学或艺术（文化）价值，更重要的是保护居住于其中的社会阶层”。所谓活化保护的含义也可以理解为活化更新和再生。

历史街区的整体性保护与更新是相对于个体而言的。街区的保护更新不仅仅是对街区中历史建筑的个体修缮，保护范畴是由点扩大到面，将历史街区的景观、文化、街区原生居民及其生活习惯和状态视为一个有机整体，做全面性、系统性的保护与更新。

三、原真性保护理论

原真性，其内涵为真实的、非赝品的、非仿制的。原真性保护理论最初用于文物保护方面。国际上对“原真性”概念的提出是在1994年的《关于原真性的奈良文件》中，该文件对这一概念及其应用做出了重要的阐释。我国关于原真性的理论早已在城市历史名城保护与修复中不断深入和发展。2000年制定的《中国文物古迹保护准则》中详细阐述了“不改变文物原状”原则的原真性思想，指出对于历史文化名城、历史街区及历史遗迹的保护，目的是真实、全面地延续其历史文化信息及全部价值。2005年包括罗哲文先生在内的30位学者联合发表了《关于中国特色文物古建筑保护维修理论与实践的共识——曲阜宣言》，再次明确强调了对历史文物、历史街区及历史建筑的修复要遵循“不改变原状”的科学保护原则[20]。对于历史街区的保护与更新，在历史文物方面，修复与复原是首要原则；对于历史街区整体而言，原真性的保护与更新不是将街区当作“古董”加以保护，而是对街区文化与历史进行溯源性探索，寻找出街区文化的“本原”和街区景观的“本真”，尊重客观规律，沿着街区历史与文化的发展脉络加以保护与更新。

原真性保护理论在城市街区保护方面的运用，不仅仅是针对街区历史建筑的保护。在历史街区的研究中，该理论不再将街区作为静态的展示品加以保护，而是在承认历史街区动态发展的前提下，强调街区的保护与更新应当遵循历史文脉，具体保护内容扩展为对历史街区景观与文化真实性的活化性保护与更新。

自1933年《雅典宪章》制定之日起，在全世界范围内就拉开了对城市历史街区保护与更新研究的序幕。随着对历史街区研究与认识的深入，街区保护范畴随之扩大。关于历史街区的保护与更新研究不再局限于街区景观范围，还包括了对街区历史文化及历史街区活化与可持续发展的研究。历史街区保护更新研究内容相应地扩大到对街区居民的保护、街区环境的可持续更新、街区文化的传承以及街区文化生态的激活等方面。为此，世界各国制定了相应的法律法规来对城市历史街区进行保护。在学术领域，历史街区保护更新理论与实践研究也在不断完善，现在已经发展到“有机更新”“整体更新”“原真性”保护多重理论综合运用与实践的阶段。我国历史街区的保护与更新虽然起步较晚，但近20年来一直是一个热点问题。目前各级政府已意识到历史街区保护与更新中出现的“同质化”问题的严重性，正积极鼓励更多的专家学者加入对城市历史街区保护更新的研究当中，保障历史街区发展的可持续性及街区历史文脉的有效传承。随着研究队伍的不断扩大，涉及的学科不断增多。在多重研究视角下，历史街区保护与更新的理论研究与实践必将迈上新台阶。

第三章

城市历史街区保护与更新的政策与法规

第一节

国外关于城市历史街区保护与更新的法律法规

1. 英国相关法律法规

英国关于城市历史街区保护与更新的法律法规主要以1967年的《城市文明法》和1969年《住房法》为主。《城市文明法》首次将“保护区”的概念引入立法范围，该法令要求地方政府提出行政辖区内的保护区，即“其特点或外观值得保护或予以强调的、具有特别的建筑和历史意义的地区”；同时国家有权超越地方政府，直接把任何有历史、文化、艺术价值的建筑群列为保护区。保护区的范围则是根据所在地段的具体情况而定，目的是保护该区的特点和完整性，即重点强调地段的整体保护效果，而不是仅仅保护单幢建筑。《住房法》的保护体系以单幢建筑和保护区为主要内容，确定了巴斯、约克、切斯特和奇切斯特四个历史古城为国家重点保护城市，将整个城市作为一个完整的保护区进行重点保护。以约克市为例，约克市规划部门在国家法律基础上于1993年进一步编制了地方性保护的执行政策《约克登录建筑和保护区的保护政策（草案）》[1]，明确约克古城的保护主要采取整体保护的方针，在古城外侧划定保护区加以保护，登记的11个保护区大体以古城核心为中心分布，形成了整体性保护片区，包括了古城的核心区及传统街区。因此，约克市的历史性建筑和街区环境都得到了良好的保护。

英国的城市历史街区保护工作由行政管理机构实施，分中央和地方两级执行。英国负责历史文化遗产保护的国家行政管理机构是英国环境保护部。英国遗产委员会等国家组织机构、英国建筑学会等法定机构负责向国家、地方和公众等提供有关法规、政策实施以及保护问题的监督和咨询。在地方政府层面上，地方规划部门负责落实保护法规，处理日常管理工作。其保护管理机构从中央到地方，组织严谨明确。

英国历史文化遗产保护的资金主要由国家和地方政府提供财政专项拨款或者贷款。具体资金的分配、投入、运转由英国政府授权的有关机构负责。这就意味着资金来源与使用分离，在一定程度上能满足多方诉求。

2. 日本相关法律法规

自1868年明治维新以来，日本在历史文化遗产保护方面积累了丰富的经验，其保护制度的发展演变以相应法规的颁布为契机，逐步形成了比较完善的保护法律体系。日本一般以政令（中央内阁制定）、省令（地方政府制定）的形式来完善法律执行细节。这些法令每年都会加以修订，以保证其不断完善。

在日本，关于城市历史街区的保护与更新的相关法律主要以1966年的《古都保存法》和1950—1975年经过三次修改的《文化财保护法》为代表[21]。20世纪50—60年代间，日本经济逐渐进入高速发展的时期。城市化进程的快速推进，导致在全国范围内各个城市的自然环境和历史环境遭受了不同程度的损害，其中京都、奈良、镰仓等城市受到了严重的威胁。因此1960年日本政府制定了《古都历史性风土保存特别措施法》（以下简称《古都保存法》）。该法律明确了城市保护的具体内容，包括保护对象的定义、保护范围的划定、国家及地方社团的任务和受保护地区的城市规划及保存规划。《古都保存法》首次引入了“历史风土”这一概念。所谓“历史风土”指在日本历史上有意义的建构筑物、遗址及周边环境，且具体体现古都传统文化与地理风貌的区域。该法规的建立标志着日本在历史遗产保护上由“点”向“面”转变，即由保护单体建筑转向保护由建筑、历史街区、自然环境等构成的保护区；其次，促使保护与城市规划相结合，编制历史风土保护地区规划；规划控制成为地区保护的重要手段，保护地区规划被纳入城市规划的范畴[22]。自《古都保存法》颁布以来，日本境内的历史保护区和自然风貌均得到了良好的保护与继承，不仅实现了地方特色与活力的复兴，也因此带动了日本国内观光旅游业的发展。奈良、京都等日本历史城市成为世界性古城与文化保护的典范。

《古都保存法》在国际上对日本各古都申请世界文化遗产项目起到了至关重要的作用。1950年制定的《文化财保护法》是日本关于文物保护方面的第一个全面的、统一的国家立法，它确定了日本文物保护制度的最初体系，分别在1954年、1968年和1975年经过三次修改，其中1975年修订的版本中首次引入民俗文物和重要传统建造物群的概念，并建立了独具特色的“传统建筑群保护地区制度”，开始把城镇、村落的保护问题纳入法制化的轨道。该法规将文物分为五类，即有形文物、无形文物、民俗文物、纪念物和传统建筑群。由此可见日本对历史街区的保护，不仅仅停留在街区物质层面，对非物质文化遗产的保护已经有了相对成熟的保护体系。同时，日本的保护观念也培养出了一大批具有较高保护意识的民众，真正为实现现代意义上的历史文化遗产活态传承与保护提供了可能。

日本的历史文化遗产保护的行政管理主要由文物保护行政管理部门和城市规划行政管理部门两个相对独立、平行的组织机构负责。法律法规制度由国家文部科学省文化厅负责，地方政府及下设的教育委员会主管行政辖区范围内的文物保护管理工作。与城市规划相关的保护法律制定及管理事务主要由国家建设省城市局、住宅局负责。

日本保护事业的资金保障主要以补助金、贷款和公共事业费为主。补助金是由国家和地方政府提供的专门用于保护工作的财政拨款，是资金的主要来源。贷款指保护费用以担保的形式从银行贷的款，至于银行利息可以向地方政府申请补贴来抵销。公共事业费由居民以经营得到的收入参加财团等组织，对多样性保护工作进行资助。资金的分配方式是由当地居民决定的。具体的城市保护工作是在民间保护组织的促进下，由当地居民、学者、政府三方面以合作的形式完成的。在日本，城市街区保护的资金较为充裕。在执行层面，由于允许个人在一定年限内申请资金对历史街区内的自有房屋进行修缮，因此城市历史街区的活化与自身代谢状况良好。日本的历史街区保护与更新尤其重视民众与社区的参与性以及地方文化多样性的保护，在理念上从被动的静态保护已经转变为多方参与性的动态保护。在政府和民间团队资金的支持下，街区保护对象从文物单体发展到街区整体环境，其目标是将历史街区置于“活化”的状态下进行保护。日本川越市历史街区的保护与更新就是其历史街区动态、活化性保护的典型代表。

3. 法国相关法律法规

法国对城市历史街区的保护主要以保护传统民居、公共建筑及周围环境为主，着重体现传统文化和历史意义，具有保护范围大、涉及内容广的特征。在保护过程中往往以政府为主导，通过严密的法律体系、详尽的规划工具、有力的中央政府财政投入为历史街区保护提供技术和物质支撑。

法国关于历史街区保护与更新主要以1943年的《文物建筑周边环境法》和1962年的《历史性街区保存法》（即《马尔罗法》）的专项规划法规为主要法律依据。《文物建筑周边环境法》规定了以文物建筑为中心的500m为半径的周边环境保护概念和范围，范围内的任何建筑都要受限制，而且还要求任何建筑均应达到文物建筑的视线通廊要求。该法令中周边保护范围包括自然植物、建筑物和街道特征（铺地材料、景观小品、照明设施等）。《马尔罗法》中确定了对文物建筑及其周围环境应予以一体保护和利用；保护区的保护及利用要从城市整体发展的视角予以考虑，要以保护区复兴为其主要目的。《马尔罗法》将有价值的历史街区划为历史保护区，并提出了制定“保护与价值重现规划”的具体措施。法国的历史街区保护在法律层面构建了严谨的体系，显现出明确的国家意志。该国的历史街区保护规划以专项规划为主。专项规划对历史建筑和街区提出了详尽的保护目标和措施，保障历史街区保护的合理性和科学性。

法国中央政府在历史街区保护中起总指挥的作用，是重大政策制定、执行和监督的主要参与者，各级地方政府具有明确的分工和职责。法国中央政府主要负责关于历史街区保护的法律制定和政策支持，地方政府主要负责执行法律法规、编制具体规划和监督工作，并承担历史街区的日常维修工作。历史街区保护的资金主要由法国政府提供，以中央政府财政支出和补贴为主。在资金的使用上，中央政府通过对符合规划的项目进行大额中央财政补贴，直接推动历史街区的保护。同时，广泛利用社会资源投资保护街区，提高财政保障的力度和辐射范围。法国关于历史街区的保护与更新在立法、实施层面都很注重原生居民居住质量的提升和环境的改善，通过当地政府优惠政策鼓励个人和社会团体积极参与，增强历史文化街区保护的民众参与度与文化保护的可持续性。

第二节

我国关于城市历史街区保护与更新的政策与法规

我国城市保护最早是从文物古迹保护开始的。清政府于1908年（光绪三十四年）颁布《城镇乡地方自治章程》，其中将“保存古迹”与“救贫事业、贫民工艺、救生会、救火会”一道作为“城镇乡之善举”，列为城镇乡的“自治事宜”。该章程是我国最早涉及古迹保护的法律法规性文件。20世纪20年代后，我国真正意义上开始关于文物保护的研究。此时，关于古建筑的保护归于文物保护研究范畴。1929年，梁思成、刘敦桢等学者成立了中国营造学社，开始系统研究我国古代建筑，并进行了大量实地考察，为现代中国古建研究奠定了基础。1928年南京民国政府颁布《名胜古迹古物保存条例》，1930年颁布《古物保存法》，当时的法律法规不够完善。1949年中华人民共和国成立后，我国文物保护工作开始走上制度化、法制化之路，并且历史文化名城保护与历史街区保护逐步规范化，陆续颁布了《文物保护管理暂行条例》《文物保护单位保护管理暂行办法》等一系列指导性文件。

我国正式提出对城市历史街区的保护始于20世纪80年代。1982年《中华人民共和国文物保护法》中明确规定，“保存文物特别丰富、具有重大历史价值和革命意义的城市，由国家文化行政管理部门会同城乡建设环境保护部门报国务院核定公布为历史文化名城”。同年，国务院制定了历史文化名城保护机制，这意味着历史街区的保护管理工作也开始为国家所重视，其保护被正式纳入了规划编制、管控范围。1983年，城乡建设环境保护部发出《关于加强历史文化名城规划工作的通知》，提出历史文化名城保护和规划建设中存在的主要问题，并对历史文化名城规划的原则、内容和方法提出指导性意见。1994年，我国建设部、文物局发布了《历史文化名城保护规划编制要求》，文件中具体提出“历史文化名城应该保护城市的文物古迹和历史地段，保护和延续古城的风貌特点，继承和发扬城市的传统文化”的要求。2002年，在修订的《文物保护法》中，首次提出“历史文化名城和历史文化街区、村镇所在地的县级以上地方人民政府应当组织编制专门的历史文化名城和历史文化街区、村镇保护规划，并纳入城市总体规划”。2003年，建设部在出台的《城市紫线管理办法》中规定国家历史文化名城内的历史文化街区和省、自治区、直辖市人民政府公布的历史文化街区的保护范围界线为城市紫线，对城市紫线范围内的建设活动实施监督和管理。2008年，国务院出台的《历史文化名城名镇名村保护条例》，明确“历史文化名城保护范围内还应当有2个以上的历史文化街区”的申报原则以及具体保护措施、法律责任，明确“国家对历史文化名城、名镇、名村的保护给予必要的资金支持”。该条例明确指出国家对历史文化名城与历史街区的保护将给予资金支持，这是历史街区保护与更新工作进程中的一个巨大进步。2018年，住房和城乡建设部（原建设部）颁布《历史文化名城保护规划标准》（GB/T 50357—2018），该标准替换了2005年的《历史文化名城保护规划规范》（GB 50357—2005），在原规范基础上进一步明确了历史文化名城保护尤其是历史文化街区保护与更新的范围、方法与执行标准。

目前对城市历史街区的保护与更新主要参照《中华人民共和国文物保护法》（2017年修订版）、《城市紫线管理办法》和《历史文化名城保护规划标准》（GB/T 50357—2018）中的相关条文执行。《中华人民共和国文物保护法》提出“历史文化名城和历史文化街区、村镇所在地的县级以上地方人民政府应当组织编制专门的历史文化名城和历史文化街区、村镇保护规划，并纳入城市总体规划。历史文化名城和历史文化街区、村镇的保护办法，由国务院制定”。对于街区保护更新实施应当“根据保护文物的实际需要，经省、自治区、直辖市人民政府批准，可以在文物保护单位的周围划出一定的建设控制地带，并予以公布。在文物保护单位的建设控制地带内进行建设工程，不得破坏文物保护单位的历史风貌；工程设计方案应当根据文物保护单位的级别，经相应的文物行政部门同意后，报城乡建设规划部门批准”。对于街区中的文物建筑采取“修缮、保养、迁移，必须遵守不改变文物原状的原则”。《城市紫线管理办法》是在《中华人民共和国城市规划法》《中华人民共和国文物保护法》的基础上结合国务院有关规定制定的。《城市紫线管理办法》主要提出“历史文化街区的保护范围应当包括历史建筑物、构筑物和其风貌环境所组成的核心地段，以及为确保该地段的风貌、特色完整性而必须进行建设控制的地区”“历史建筑的保护范围应当包括历史建筑本身和必要的风貌协调区”等要求。《历史文化名城保护规划标准》提出历史街区规划需要遵守“历史文化街区核心保护范围面积不应小于1hm^2，历史文化街区核心保护范围内的文物保护单位、历史建筑、传统风貌建筑的总用地面积不应小于核心保护范围内建筑总用地面积的60%”“严格保护历史风貌，维持整体空间尺度”“对核心保护范围应提出建筑的高度、体量、风格、色彩、材质等具体控制要求和措施，并应保护历史风貌特征”“历史文化街区增建设施的外观、绿化景观应符合历史风貌的保护要求”“历史文化街区保护规划应包括改善居民生活环境、保持街区活力、延续传统文化的内容”“构成历史风貌的自然景观纳入，并应保持视觉景观的完整性”“街区内的建筑物、构筑物的保护级别、价值以及保存状况进行分类，选择相应的保护与整治方式”等具体要求。

1982—2018年，我国在对历史街区保护研究逐步深入的基础上，在实践中总结经验，陆续出台了系列关于历史街区保护与更新的法律法规与相关政策。从对古建筑的单体保护到对历史城市规划的保护，构建了点（古建筑单体）、线（历史街区）、面（历史城市）立体化的法律与规章体系，为历史街区的保护与更新提供了坚实的保障。

我国地域辽阔，各省市城市发展情况千差万别，地方文化差异性较大。因此各地区在国家法规与政策框架下，制定了适合自身发展需求的地方性历史街区保护与更新条例。2002—2022年，我国31个省、自治区、直辖市（港澳台地区除外）中，28个省陆续发布了历史街区保护条例。其中2005—2006年，以及2016—2018年尤为集中，这也和历史街区保护与更新发展阶段重合（表3-1）。同样，主要历史文化城市也针对自身情况，颁布了城市历史街区保护条例，在省级保护条文的指导下，具体明确了历史街区保护与更新的具体执行原则与指标。近年来颁布的省级保护法规条文中有一个共同的特点，即强调历史街区的保护既要保护街区历史建筑，也需要保护街区的文化。

1996年，黄山市人民政府印发《黄山市屯溪老街历史文化保护区保护管理暂行办法》（黄政〔1996〕11号），是城市地方政府制定历史街区保护地方性法规的起步。随着城市的发展，2015—2020年间城市一级的保护条文发布尤为集中，这与市级地方政府意识到城市文化保护与传承的重要性相关。近年来颁布的城市一级的保护条文都强调了对地方文化多样性及文化传承的保护，着眼点都立足于历史街区保护与更新的可持续发展。可以看出，我国历史街区保护与更新在立法、政策及具体执行指导方针层面的巨大进步。这标志着历史街区保护与更新进入了“活化”保护与可持续更新发展的崭新阶段。

由此可见，我国已经从国家立法与政策层面，到省级地方管理层面，再到城市管理与执行层面，构建了垂直型、多层次的历史街区保护与更新法律法规以及政策体系，为历史街区的可持续发展提供了具体方向与支持。美中不足的是，国家、省、市各级保护条文中仅有《文物保护法》明确了街区历史文物保护资金来源——“文物保护管理经费分别列入中央和地方的财政预算”，而且各级保护条文中对城市历史街区保护所需资金详细出资构成，以及政府拨款占比等财政问题并无明文规定。这也是导致历史街区保护更新中出现整体商业开发、整体性建设破坏的主要原因。

表3-1 省、自治区、直辖市历史街区相关保护条例汇总表

时间	省、自治区、直辖市	名称
2002年	新疆维吾尔自治区	《新疆维吾尔自治区历史文化名城街区建筑保护条例》
2003年	上海市	《上海市历史风貌区和优秀历史建筑保护条例》
2005年	北京市	《北京历史文化名城保护条例》
2005年	天津市	《天津市历史风貌建筑保护条例》
2005年	河南省	《河南省历史文化名城保护条例》
2005年	甘肃省	《甘肃省文物保护条例》（该条例包括历史街区保护条文）
2006年	陕西省	《陕西省文物保护条例》（该条例包括历史街区保护条文）
2006年	江西省	《江西省文物保护条例》（该条例包括历史街区保护条文）
2007年	云南省	《云南省历史文化名城名镇名村名街保护条例》
2007年	西藏自治区	《西藏自治区文物保护条例》（该条例包括历史街区保护条文）
2010年	江苏省	《江苏省历史文化名城名镇保护条例》
2012年	浙江省	《浙江省历史文化名城名镇名村保护条例》
2013年	河北省	《河北省历史文化名城名镇名村保护办法》
2015年	黑龙江省	《黑龙江省历史文化建筑保护条例》
2016年	吉林省	《吉林省历史文化街区划定和历史建筑确定工作实施方案》
2017年	辽宁省	《辽宁省历史文化名城名镇名村及历史文化街区保护管理暂行办法》
2017年	安徽省	《安徽省历史文化名城名镇名村保护办法》
2017年	福建省	《福建省历史文化名城名镇名村和传统村落保护条例》
2017年	山西省	《山西省历史文化名城名镇名村保护条例》
2018年	重庆市	《重庆市历史文化名城名镇名村保护条例》
2018年	湖南省	《湖南省历史文化街区划定和历史建筑确定技术指南》（试行）
2018年	贵州省	《贵州省历史文化街区保护管理办法》
2019年	山东省	《山东省历史文化名城名镇名村保护条例》

续表

时间	省、自治区、直辖市	名称
2020年	内蒙古自治区	《内蒙古自治区历史文化名城名镇名村街区历史建筑保护办法》
2022年	宁夏回族自治区	《关于在城乡建设中加强历史文化保护传承的实施意见》（宁夏回族自治区党委办公厅、自治区人民政府办公厅印发）
2022年	海南省	《关于在城乡建设中加强历史文化保护传承的实施意见》（海南省委办公厅、海南省人民政府办公厅印发）
2022年	广西壮族自治区	《关于在城乡建设中加强历史文化保护传承的实施意见》（广西壮族自治区党委办公厅、自治区人民政府办公厅印发）
2022年	青海省	《青海省历史文化名城名镇名村街区认定办法》

第三节

各国历史街区保护与更新相关政策法规及执行比较

各国的历史街区保护制度结合自身的政治体制、经济体制、管理体制等各方面情况形成了各自的特色。英国、日本和法国等国家从20世纪60年代已开始建立了一套以专项立法为核心的保护制度。我国起步较晚，自20世纪80年代出现明确的国家层面的相关法律法规，并随着城市建设的发展，逐步完善了省、市一级的立法，在历史街区保护与更新立法方面，法制先行方面做得有些欠缺。除国家立法外，具体专项法律法规多以国务院及其部委或地方政府及其下属部门制定、颁布的“条例”“办法”“规定”“通知”等文件形式出现。因此，我国历史街区保护与更新的立法在制定、执行、管理方面与英国、日本、法国等国家皆有不同之处。

在历史街区保护相关的行政管理体系方面，英国、日本、法国和中国都是设置中央及地方两级管理体系。在英国，国家环境保护部和地方规划部门分别是中央和地方的历史文化遗产保护行政管理机构。环境保护部负责有关法规、政策的制定，地方规划部门负责辖区内保护法规、政策的落实及日常工作。日本的历史街区保护由文物保护行政管理部门和城市规划行政管理部门两个相对独立、平行的行政体系分管。其中文化部门负责文物保护（包括传统建筑群保存地区保护）管理工作，其中央主管机构为文部科学省文化厅，地方主管机构为地方教育委员会。城市规划部门负责古都保护及城市景观等城市规划方面的保护管理，其中央主管机构为国家建设省城市局、住宅局，地方主管部门为地方城市规划局。而法国由中央政府主要负责历史街区保护的法律制定和实施工作，地方政府主要负责执行法律法规、编制规划和监督工作，并承担历史街区的日常维修工作。我国主要由住建部（原国家建设部）、国家文物局共同负责全国历史文化街区的管理、监督及指导工作；地方各级历史文化街区的保护与更新工作由地方文物局、城建与规划相关部门共同负责具体执行。相比之下，英、日、法在历史街区的保护上具有连贯性强的法律，有较完备的保护体系，有独立的监督管理机构，民众参与度较高，各方利益都能得到一定的满足。但是相对而言，由于权力相对分散，在街区的保护与更新实施方面效率较低。我国历史街区行政管理体系是一个多部门参与的垂直管理系统，管理、执行、监督都由各级部门对应负责，由于权力相对集中，街区保护与更新执行力度大、效率高。但是，历史街区原生居民在街区保护方面的参与度相对较低，利益不能得到全面有效的保障，这也是现阶段众多国内专家呼吁的亟须解决的问题之一。

在城市历史街区保护与更新的执行方面，我国与其他国家都采用政府主导、多方参与的模式。一些国家在国家层面给出指导性法律，地方政府、社会团体和个人都积极参与到保护与更新工作当中，使自下而上的保护要求和自上而下的保护约束能在一定的范围内达成共识。我国历史街区保护与更新，虽然是在政府主导下进行，但是经常出现“文化搭台，经济唱戏”的现象。甚至在某些地方，在历史街区更新过程中，采用的是资本方做主导的保护更新模式。商人逐利，街区的保护更新出现了经济利益至上，历史与文化保护反而被边缘化的结果。目前，此类情况已经引起了国家、地方政府的高度重视，2015—2022年间各级地方政府不约而同地集中立法，加强历史街区保护与更新的管理。政府鼓励专家、街区居民参与到历史街区的保护与更新工作当中，逐步实现政府主导，多方参与的保护更新模式。

在历史街区保护与更新的资金供给上，英国、日本、法国都是以国家和地方政府的财政拨款为主要来源，资金有可持续性保障。在资金不足时，引入社会团体和个人基金、非营利组织（NPO）或者非政府组织（NGO）的资金作为补充，为历史街区的可持续保护与更新提供保障。我国在法律上明确了由政府提供历史街区保护与更新资金，但是没有明确中央政府与地方政府资金占比与多寡。除历史文物建筑保护有专项经费支持外，历史街区的保护虽有专项税费（城市维护建设税）的支持，但是对资金的使用分配情况并未作说明。城市的飞速发展对资金需求量极大，国内多数城市地方财政收入无法完全支撑历史街区保护与更新的资金需求，因此大量引入了社会资本作为历史街区保护与更新的主要资金来源，最后导致出现了大量由政府主导，企业出资将城市历史街区规划和改造成商业性历史街区的现象。对街区进行整体商业化改造，会对于街区中的历史文化的保护产生诸多不利，尤其是在非物质文化保护方面效果不佳。与发达国家相比，在历史街区保护更新资金支持方面，我国还有诸多需要学习与改进之处。

总的来说，世界各国在对历史街区保护与更新立法方面都针对各国实际情况做出了努力。于我国而言，历史街区保护与更新由于起步较晚，在某些方面还需要进一步借鉴和学习，最终走出一条适应我国国情，满足地方文化发展需求，具有中国特色的历史街区保护与更新可持续发展之路。

第四章

几个典型城市历史文化街区的保护与更新

从2010年起，本书作者花费10余年时间对我国主要城市历史文化街区保护与更新状况进行了实地考察。通过对北京、上海、天津、重庆、成都、苏州、杭州、长沙、武汉、福州、厦门、青岛、济南、广州、南宁、桂林、北海等20余座城市历史文化街区的实地调研发现，我国城市历史街区保护与更新中街区历史与文化保护、传承状况不容乐观。

本章将对我国城市街区历史发展进行梳理，厘清城市历史文化街区发展脉络；总结自20世纪80年代以来城市历史街区保护与更新采用的方法，解析各种保护方法对街区保护与更新产生的不同影响，最后通过对城市历史文化街区保护与更新典型案例的实地考察与系统分析，总结目前我国城市历史街区保护更新中的存在问题。

第一节 我国城市历史文化街区保护与更新发展历程

我国对历史街区的保护严格意义上始于1981年。1981年12月，在郑孝燮、单士元、侯仁之三位先生的建议下，国家建设部门、文物部门向国务院提交了《关于保护我国历史文化名城的请示》。1982年2月，国务院正式提出了“历史文化名城”的概念，并且公布了第一批24座国家“历史文化名城”名单。“历史城市保护范围内应当有2个以上的历史文化街区”成为国家级“历史文化名城”的条件之一，对城市历史街区的保护开始被国家重视，并正式被纳入规划与管控范畴。

10余年来，依据笔者对我国城市历史文化街区保护与更新案例的实地调查，大致可以将国内城市历史文化街区保护与更新的进程分为三个阶段：早期粗犷式改造阶段、多种模式的保护更新阶段、物质与非物质整体性保护更新阶段。

1. 早期粗犷式改造阶段

1980—2000年，对于历史街区的保护更新基本上以“旧城改造”的模式为主。此阶段我国城市处于极速扩张阶段，对于历史街区的保护基本上采用全面推倒重建的模式。这导致大量历史街区完全消失。例如北京大栅栏历史文化街区，大量民居四合院被一次性拆毁后做商业开发，仅同仁堂、瑞蚨祥、内联升、六必居等老字号所在胡同，因历史建筑集中保留完好；天津老城厢历史文化街区原有民居被完全拆除，大批仿古建筑取而代之；福州三坊七巷因城市发展需求修建马路，实际上只剩下了二坊五巷；桂林榕荫路——古南门历史文化街区除历史文物建筑外，原有民居全部被拆除，大量楼房与办公建筑取而代之。1997年后，全国各地开始以黄山市屯溪老街的整体旅游开发为范本对本地历史文化街区的旅游开发、商业开发趋之若鹜。在这20年间，大量历史街区在整体性破坏建设浪潮中消亡。

该阶段的另外一种情况是对历史文化街区的“冷藏式”保护，任由街区自然衰败。例如北京南锣鼓巷、厦门鼓浪屿、桂林东西巷等历史文化街区。由于街区基础设施老化，供水、供电、卫生都不堪重负，且达不到居民对街区基础功能完善的需求，导致大量原生居民迁出，城市棚户区出现。当然，这种“冷藏式”的保护让这些历史街区中最可贵的历史文化气息得以留存，让现阶段的保护与更新成为可能。

2. 多种模式的保护更新阶段

2000—2010年，随着国家相关历史文化名城及历史文化街区保护法律法规的完善，各级地方政府开始意识到历史文化街区破坏性“旧城改造”模式带来的问题。这10年，对城市历史文化街区的保护与更新进入多模式探索阶段。大量资本进入历史文化街区保护更新领域成为该阶段最大的特点，城市历史街区保护更新项目成为大众关注的焦点，城市历史街区的保护更新同样也成为学术研究上的热点问题。

上海太平桥地区改建、上海思南路的整体性保护项目都采用了“旧瓶装新酒”的保护性整体商业开发更新模式。该模式对文物建筑给予保护性修缮，作为街区历史保留的亮点；对于有保护价值的历史建筑（包括地方特色民居）给予修缮；对破坏严重的建筑给予原地重建；对建筑内部空间重新打造，以满足新的建筑功能（如办公、餐饮、娱乐、商业等）要求。历史文化街区保护性整体商业更新模式可以提升街区环境，重塑街区外在形象，重要的是可以让街区周边地区土地升值。此后，其他城市竞相效仿，历史街区改造项目如雨后春笋，接踵而至地开始立项实施，如成都宽窄巷、广州沙面、南京1912街区等历史文化街区的保护性改造。这种开发更新保护模式，实则以开发为主、保护为辅。由于对商业利益的过度追求，造成了历史街区保护上的“同质化”问题，这也是现阶段城市历史街区保护与更新中需要解决的首要问题。

除此之外，在专家学者的倡导下探索了小规模、渐进式的有机更新保护更新模式。此模式的特点是依据街区原有建筑的质量状况进行改造更新，倡导采取适当的规模、适当的空间尺度、分阶段地对历史文化街区进行整治和改造，而不是大规模整体性开发重建。北京菊儿胡同历史文化街区、上海田子坊历史文化街区、天津第五大道历史文化街区等保护更新项目都采用该模式。有机更新模式的探索为目前历史文化街区的系统性保护与街区“活化”更新研究奠定了坚实的理论与实践基础。

3. 物质与非物质整体性保护更新阶段

2010年至今，城市历史文化街区的保护更新在多种模式探索的基础上进入了街区物质与非物质整体性保护更新阶段。在项目立项上，国家对城市历史文化街区整体拆建性改造项目不再审批，代之以历史街区整体性保护更新或者修缮项目。现阶段历史文化街区的保护更新更加注重街区景观与空间（物质性）、街区历史与文化（非物质性）相结合的模式，在对历史文化街区进行有机更新的基础上，引入街区“整体性”“原真性”活化及街区文化生态系统性保护的理论。现阶段，对历史文化街区的保护进一步重视对街区原生居民生活环境、生活方式的保护，让历史文化街区重新充满“活力”，拥有继续创造城市历史与文化的能力。保护的重点在于如何保护街区里蕴含的城市文化的根与魂。例如广州永庆坊微改造项目就是很好的实践性探索案例。

4. 总结

目前，某些地方政府依旧热衷于追求城市GDP的快速提升，因此在某些历史文化街区保护项目中更倾向于采用街区整体性开发模式，导致历史街区改造后成为“假古董”的现象还时有发生。这个问题已经引起了有关部门的高度重视。为了加强对现存历史文化保留较好的历史文化街区的保护，避免继续出现假借保护更新之名，行整体破坏性开发之实的情况，2015年住建部、国家文物局联合公布了第一批30个国家级历史文化街区名单。公布名单的通知中强调，“积极改善历史文化街区基础设施和人居环境，激发街区活力，延续街区风貌，坚决杜绝违反保护规划的建设行为”，如果对历史街区历史文化价值保护不力，将撤销历史文化街区的称号。入选国家级历史文化街区，对于当地历史街区的保护与更新工作来说，是荣誉，更是督促。这意味着对历史街区的保护进入了保护与更新并重，强调城市、街区文脉的新阶段，同时为当前城市历史街区的保护与更新指明了方向。

40年来，我国城市历史文化街区的保护从粗犷式保护发展到整体性保护与更新，从仅注重经济效益到更加注重城市历史文化街区的文化价值与文脉的传承，可以说在理论研究与实践层面都有质的飞跃。

第二节

我国城市历史文化街区保护与更新现状

通过对我国20余座主要城市的历史街区实地考察发现，城市历史街区保护与更新总体状况不容乐观。自我国提出加快城市化进程以来，原农业人口大量涌入城市，城市面积在30年间扩大了数倍，甚至数十倍，例如桂林市通过城市兼并、扩建等手段，与1990年比，城区面积扩大了10余倍。在城市飞速扩张的背景下，城市老城区基本上都成了城市核心区域，而城市历史文化街区大多分布在该区域当中。迫于城市土地供应不足以及城市经济发展等的压力，现存城市历史街区被侵占、破坏、重新开发、商业改造等情况屡见不鲜。2015年国家文物局公布，超过50%的城市历史街区已经完全消失，数据冰冷而又现实。

经实地考察发现，我国城市历史街区的消失原因可以分为三类。第一类，城市历史街区已经彻底消亡在城市建设的浪潮中，街区被城市新开发的区域所取代，彻底丧失其文化历史特征，如长沙坡子街、武汉汉正街等；第二类，由于采取“冷藏式”保护的方法，导致城市历史街区缺乏有效的保护措施，产生街区逐步衰败、消亡的后果，例如南宁中山路、常熟南泾堂等；第三类，城市历史街区被彻底改造后沦为商业街区或者旅游景点街区，虽有街区历史风貌，但丧失了历史文化生存的土壤，如苏州山塘街、上海田子坊。

目前，随着人们对城市历史文化保护意识的加强，城市历史文化街区的保护与更新再次成为城市建设的热点。本书选取苏州平江历史文化街区、成都宽窄巷历史文化街区、济南百花洲历史文化街区，以及广州永庆坊历史文化街区的保护与更新实施状况进行详细分析，从中寻找我国城市历史文化街区保护更新中出现的共性问题。

第三节

苏州平江历史文化街区有机更新

一、苏州平江历史文化街区概况

苏州地处江苏省东南部，是长江三角洲地区核心城市，总面积约8657km^2，至2022年末常住人口约1291万人。苏州是吴文化重要发祥地，素有“人间天堂”的美誉，1982年成为首批国家历史文化名城。

平江历史文化街区位于苏州古城东北角，东起护城河，西接临顿路，南临干将路，北至北塔东路，保持着“水陆并行、河街相邻”的空间格局（图4-1）。平江历史文化街区距今已有2500多年的历史，是苏州现存最典型、最完整的古城历史文化保护区。

图4-1　平江历史文化街区范围图

二、平江历史文化街区有机更新实践

1. 平江历史文化街区保护与更新的背景

苏州自古以来就是我国繁华富庶的城市之一，有着丰厚的历史与文化底蕴。平江历史文化街区作为苏州古城的核心部分，街区里历史文物、历史建筑、明清私家园林等景观尤其丰富，拥有得天独厚的历史与人文资源。

平江历史文化街区作为我国保护最为完好的历史街区，其保护更新的历史可以追溯到1958年。1958年，北京明清时期修筑的城墙被拆除，历史古建筑资源为城市交通发展让步，激起学界乃至社会的强烈讨论。在此背景下，同济大学师生呼吁保护苏州古城，并正式提出相关保护方向，希望避免苏皖历史文化资源以同样的方式遭受破坏，保护苏州古城的提案首次出现。

1986年，政府首次做出苏州古城保护详细规划，将苏州城市的独特格局与古典园林建筑等摆在核心位置，为后续平江历史文化街区保护政策的出台与保护工作的进行奠定了基础。

20世纪80年代，平江历史文化街区曾面临着“四差”问题亟待解决：一是人口密度过大、房屋老化造成的居住条件差；二是功能配套不完善，土地利用不合理，基础设施差；三是河道淤积、卫生状况堪忧，生活环境差；四是古迹古物损坏严重，新兴突兀建筑多，建筑风貌差。

为解决以上问题，苏州将古城建设工作重点于1995—2000年间转移至平江历史文化街区。苏州市政府提出“重点保护，合理保留，普遍改善，局部改造”的古城保护方针，并依照国际著名建筑师贝聿铭的建议，召开了平江保护区规划专题研讨会，提交“龙睛规划”，至此平江历史文化街区的保护与更新工程被提上日程。通过细致的准备工作，为街区有机更新实施打下了坚实的基础。具体包括：深入进行历史文化研究，挖掘历史文化资源从而厘清发展脉络，找到街区具体的历史文化价值；对街区进行全面的现状综合调查，通过文献与实地调查考察街巷、河流、文物古迹，对建筑风貌、年代、质量、使用性质和产权进行明确划分与评估，对居民人口、维护意愿等进行调查统计。2002年，平江历史文化街区保护整治工程启动。苏州规划设计研究院于次年编制了《苏州历史文化名城保护规划》，重新修订了《苏州古城平江历史文化街区保护与整治规划》，平江路风貌保护与环境整治先导试验性工程正式启动。平江历史文化街区保护更新实施时间较早，仅有《文物保护法》（2007年修正）中相关文物保护管理条文作为参照，苏州市仅出台了《苏州市古建筑保护条例》提供关于街区古建筑保护的地方性条文给予政策支持。

2. 平江历史文化街区景观与空间的保护更新

苏州古城的保护工作很大程度上受到北京旧城改造影响。吴良镛在对北京旧城规划建设进行长期研究中提出了有机更新理论。“有机更新”的概念至少包含三方面含义：城市整体的有机性、城市细胞和城市组织更新的有机性、更新过程的有机性，其对苏州古城的保护与建设工作具有指导意义。在有机更新理论的指引下，平江历史文化街区依据“法定性、客观性、操作性、从严性”的规划原则，对历史街区文化遗存设定保护范围与建设控制区，确定了平江历史文化街区的核心规划内容。平江历史文化街区对内部1处世界遗产、1处国家级文保单位、1处省级文保单位、9处市级文保单位、44处市控保建筑、10处名人故居制定了详尽的保护计划；对街区内的9处古桥梁、3处古驳岸、59处古井、4处古牌坊、1处城墙遗址、2座砖雕门楼及27棵古树制定了具体保护办法。在保持平江街区历史空间格局的前提下，采用小规模、渐近性的有机更新方法对街区实施保护与更新，让街区独特的历史文化古韵得以妥善保存（图4-2）。

图4-2　平江历史街区街景

平江历史文化街区保护更新过程中，尊重街区居住功能，致力于为街区居民创造良好的居住环境，有力保证街区文化生态系统的健康运转。街区保护在维持原有空间格局的基础上（图4-3），保留了街巷、河道、古桥、牌坊形成的开放性公共空间，为居民提供了公共活动场所（图4-4、图4-5）；利用街区中的古井（图4-6），对其附属空间进行巧妙重构，打造出街区居民的社交场所；完善街区基础设施，对街区水路、电路等基础功能进行了更新，提升居民生活质量。在街区空间保护方面，平江历史文化街区维持了2～5m的街巷尺度；保持河道5～7.5m的宽度，恢复古街区水陆联动的空间格局。街区以文物古迹为点，以园林、建筑为线，以空间肌理为面，共同绘制出一幅“小桥流水人家”的苏州街景图。

因为平江历史街区保护更新实施早、工作细、效果好，街区里大量苏州传统民居保留完好（图4-7）。平江路上的苏州民居大多面河而建，体量轻盈；线条简洁优美、错落有致的封火墙组成了细节丰富的街区天际线（图4-8）；民居斑驳的墙体，诉说着街区历史的沉淀；民居建筑的“粉墙黛瓦”，展现出浓郁的江南风味。

图4-3　平江图碑刻

图4-4　平江路河道体系

图4-5　平江路中的古桥

图4-6　平江路水井开放空间

图4-7　平江路苏州传统民居

图4-8　平江路街区天际线

建筑是构成历史街区风貌的主体。本着保护街区环境风貌和空间格局的原则，平江历史文化街区将所有街内建筑物划为四大类：文物建筑、历史建筑、一般建筑与新建建筑，并且针对不同类别建筑分别提出不同保护方式，采取相应整治措施。以耦园为代表的苏州私家园林、文物建筑，实行严格的保护制度，遵循“不改变原状”原则；园林里的重建项目将依据文字与图像资料，使用原建造工艺、材料进行适度还原，以保证建筑风貌的历史真实性。

平江历史文化街区对历史建筑按照不同的保存状况进行分类更新。对建筑构件保存状况较好的进行小幅度修缮；对保存状况较差的、结构体系损毁严重的建筑实行内部结构修缮，采用现代钢结构替换原有木质结构，在增加建筑使用寿命的同时保持建筑外部风貌的延续。对街区中的一般建筑，对与街区风貌协调的部分予以保存；对与街区历史风貌不协调的建筑，采用平顶改坡顶或削除楼层等方式予以整饬改造；对需要进行功能置换的建筑，如废弃工厂等予以拆除处理，整体保持街区原有的历史风貌。

平江历史文化街区在建筑装饰方面，采用保留为主、修缮为辅的方法，原汁原味地保留了精巧飘逸的苏式建筑装饰风格特征。街区内的民居窗棂（图4-9）得以原样保留。窗棂纹样精美，透窗以玻璃衬底，既能更好地防风挡雨，又保留了苏式民居的园林美学特征。街区中的民居板门（图4-10）同样得以原样保留，石制门槛、木质门板，亲切中透露出几分市井气息。民居檐瓦、脊瓦、勾头、滴水等建筑构件继续保留了云纹、凤形（图4-11）等艺术元素，让街区建筑的风格得以延续。

平江历史街区在街道绿植方面采用“少干预”的原则。在保护街区古树的基础上，让居民根据自身的喜好，在自家门前小花圃自由种植。植物既有月季、玫瑰等观赏灌木，也有爬山虎等藤蔓植物（图4-12）。街区道边的花草自由生长，不做过多的人工规则性修剪，给街区平添几分自然野趣。

图4-9　平江路民居苏式窗棂

图4-10　平江路民居板门

图4-11　平江路民居凤形翘角

图4-12　平江路藤蔓植物种植

3. 平江历史文化街区历史与文化的保护更新

平江历史文化街区的保护更新以街区历史与文化保护为核心。街区在有机更新理论的指导下，保持了街区景观环境的原真性，保护了街区文化环境的完整性，让街区的历史文化能够继续延续与生长。

平江历史文化街区在街区居民基本社会结构方面做得极为出色，最大限度地确保了街区文化生态核心的完整性。在街区保护更新中保证了约50%的回迁率，使街区居民邻里关系得以维持；街区80%的建筑不动或者少动，保留街区的居住功能，让居民能够在街区中安居乐业。

平江历史文化街区内传统民居密集，居民守护相望，傍水而居，依然保留着苏州传统的生活方式，演绎着地地道道的姑苏市井生活风情。街区成为传统生活文化与风俗保存与传承的文化空间。平江历史文化街区的有机更新致力于保护街道文化空间的功能性与完整性，使之更具文化价值。以街区水井周围的公共空间为例，虽然街区已更新了水网，水井取水的主要功能已经消失，但是在水井附近劳作、交流的生活场景已经深深扎根在街区居民的记忆中，水井附属空间演变成为街区居民互相交流的场所。水井作为居民生活空间的外延，成为街区市井文化中的有机组成部分。平江历史文化街区保护更新重视对街区中古桥、古树、古井、古牌坊、古驳岸的保护，为街道居民生活习惯的维系提供了保障。

平江历史文化街区在非物质文化遗产保护方面也有所建树。街区中专门设立了地方艺术博物馆，对苏州昆曲、苏剧、评弹等传统地方艺术的代表加以保护与展示，体现街区的艺术魅力（图4-13）。秉承活化传承的理念，街区中设有苏绣、苏扇等展示性店铺（图4-14），既能增加非物质文化传承人的收益，又能对地方手工艺加以推广。

图4-13　苏州戏曲博物馆

图4-14　平江路苏绣展售商店

平江历史文化街区文化气息浓郁，街区名人辈出。据统计，平江历史街区内分布20余处名人故居，如明代状元申时行故居、清代宰相潘世恩故居、吴廷琛故居、外交家洪钧故居（图4-15）等。近代国学大师顾颉刚、文学批评家郭绍虞、著名医师钱伯煊、电影评论家唐纳（图4-16）等人都曾生活于此。平江历史文化街区对名人故居进行了修缮，赋予其文化展览的功能，成为名人文化博物馆。每座名人文化博物馆规模虽然不大，但是对街区名人的生平故事、人物精神及名人与街区之间的故事等各个方面做了充分展示，内容丰富全面。街区里的名人文化博物馆让街区文化与历史的保护更加立体、直观。

平江历史街区在商业入驻管理方面本着宁缺毋滥的原则，设立了严格的筛选标准。商铺的用途限定为“必须具有一定的地方历史文化艺术特色，并与整条历史街区的保护理念相契合”[23]，如设建筑会所、客栈、茶楼、画廊、手工艺品商店等精品商铺，同时商铺的装修风格、内部陈设亦需满足相应的要求。对于破旧的历史旧宅，街区不采用仿古重建，而使用功能置换的方式将其与江南客栈等形式融合，打造江南民居特色会所。例如在对平江路方宅的更新进程中，将其与董氏义庄合并，维持原有院落结构，改造成为平江客栈（图4-17），让游客直接体验到街区历史与文化的魅力。对于街区原有为居民提供服务的商业，街区未进行并购与驱逐，而是保留其生存空间。许多充满江南风味的小店（图4-18）在街区内生存经营，让街区更具亲和力。

三、平江历史文化街区有机更新的成效

平江历史文化街区的保护更新工作极具成效，是我国在历史文化层面保护传承效果最好的历史街区之一。平江历史文化街区于2005年正式被联合国教科文组织授予“亚太地区文化遗产保护奖”；2009年被评选为我国第一批“十大历史文化名街”，并获得了当年的“中国民族建筑事业杰出贡献奖”；2010年，平江历史文化街区正式入选为“国家AAAA级旅游景区”。这些荣誉不仅表彰了平江历史文化街区景观保护更新方面的杰出成绩，同

图4-15　洪钧故居

图4-16　唐纳故居

图4-17　平江客栈大堂

图4-18　平江路内部市井商店

时也肯定了相关人士在保护街区文化原真性方面做出的重要努力。

平江历史文化街区是我国街区保护与更新的优秀案例，街区在整体性保护更新方面的突出表现离不开政府对保护更新工作的有力支持。客观上，平江历史文化街区自身条件较好，街区内集中了大量具有保护价值的街区景观资源和历史文化资源；主观上，因当地政府对街区的保护意识觉醒较早、保护政策齐全、支持力度大，为街区历史文化原真性保护创造了极好的条件。苏州市政府长期以来，对街区采取有机更新的策略，让街区历史、文化、景观都得以“活化”与保存。

平江历史文化街区采用“点面结合、保用结合、官民结合”（图4-19）的方法实施保护与更新，对街区历史原真性、文化原真性、景观原真性进行整体性保护。从街区空间格局、景观水系、文物古迹等物质文化层面，到街区社会结构、人文环境、地方传统手工艺、文化传统等非物质文化层面实现了立体化的保护。街区的历史与文化通过不同的载体与形式得以充分地展现，在激发街区生命力的同时，实现了街区的可持续发展。

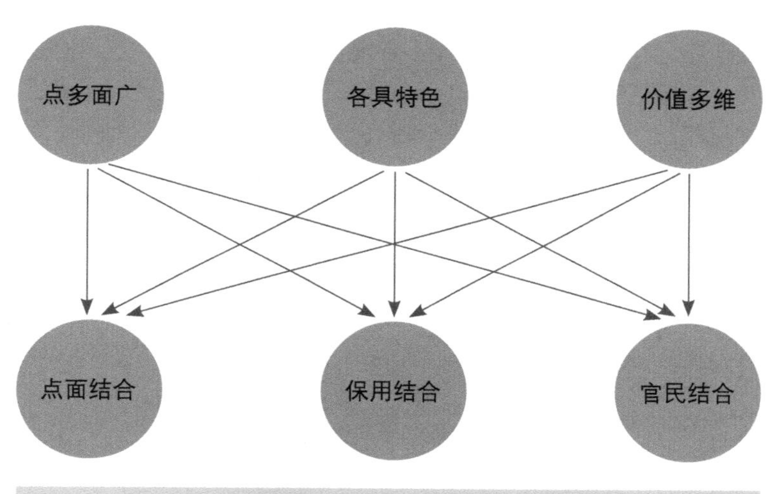

图4-19　平江历史文化街区保护与更新方法示意图

平江历史文化街区的有机更新已经成为我国城市历史街区保护与更新的典范。但是，其他城市历史街区的保护更新大都未采用有机更新的做法，陷入了过度商业化的陷阱，这是多重因素共同影响而产生的结果。相比而言，首先，苏州政府高度重视街区的历史文化价值，街区的保护更新以街区历史文化的保护为核心；其次，苏州政府保护意识到位且财政宽裕，并未将街区当作经营性场所，而是将其作为城市文化保护区域；再次，街区历史文化基础好，街区景观保存完整，尤其是街区建筑保存质量较好，让有机更新具备可操作性；接着，平江历史文化街区保护更新实行的是长期不间断的保护更新；最后，大部分街区居民都得以回迁，街区功能属性得以延续，街区文化生态得以续存。而其他城市的历史文化街区保护更新工作在保护更新的意识上、条件上、执行上都没达到平江历史文化街区保护更新的水准，着实令人遗憾。

第四节

成都宽窄巷历史文化街区整体改造

一、成都宽窄巷历史文化街区概况

成都市位于四川省中部，至2022年末，城镇常住人口约1700万人，作为四川省首府，是我国西部地区的文化中心与经济重镇，同时也被评为中国最宜居的一线城市之一。

宽窄巷子（简称“宽窄巷”）位于成都老城区市中心青羊区，东起长顺上街，北邻支矶石街，南抵井巷子，西至同仁路，总面积约67000m²，总长约500m（图4-20）。宽窄巷作为成都市久负盛名的城市历史文化街区，每年前来游览参观的游客约1600万人次，成为成都市历史文化活化展示、宣传、传播的重要窗口，成为成都市的城市名片。

图4-20 宽窄巷街区范围图

二、宽窄巷历史文化街区整体改造实践

1. 宽窄巷保护与更新的背景

《成都历史文化名城保护规划》于1982年将宽窄巷纳入改造范畴，但由于其复杂的产权划分与困难的更新途径等原因，宽窄巷更新计划长期被搁置，使其在城市化进程中被边缘化。1949年以后，很长时间内人们缺乏历史街区保护意识，再加上高密度的人口带来的环境压力，未更新前的宽窄巷逐渐沦为城市棚户区，乱搭乱建情况严重，基础设施落后，不满足现代居住需求（表4-1）。

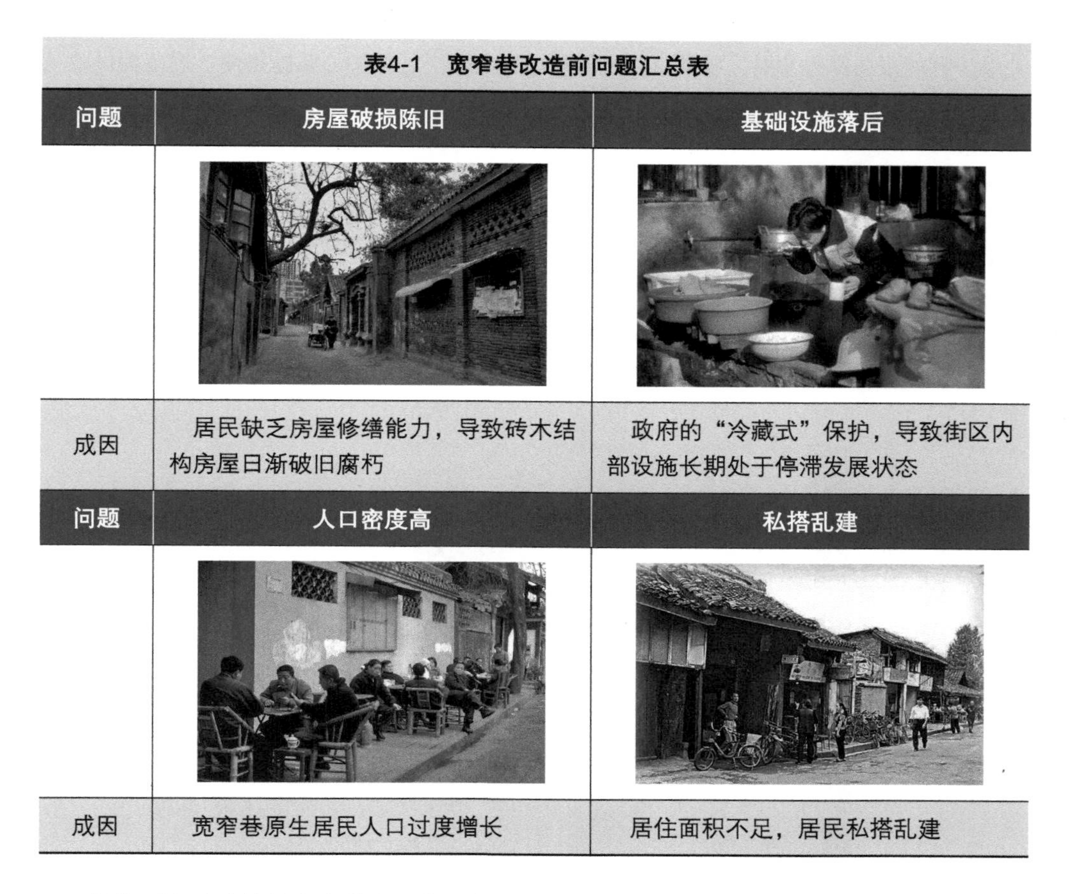

表4-1　宽窄巷改造前问题汇总表

问题	房屋破损陈旧	基础设施落后
成因	居民缺乏房屋修缮能力，导致砖木结构房屋日渐破旧腐朽	政府的“冷藏式”保护，导致街区内部设施长期处于停滞发展状态
问题	人口密度高	私搭乱建
成因	宽窄巷原生居民人口过度增长	居住面积不足，居民私搭乱建

保护更新改造前的宽窄巷在居住功能与基础设施上较为落后，其建筑的砖木结构因房屋年代久远且多次易主[24]，面临腐朽坍塌的危险；街道功能陈旧，公共服务设施稀缺，没有排水系统与垃圾处理系统。宽窄巷街区逐渐沦为城市失落空间，与周边地区的快速发展形成了鲜明对比。

2003年成都市政府主持重建工作，宽窄巷早期改造项目工程由成都少城建设管理有限责任公司（简称“少城公司”）承接，以“原址原貌”为原则、“落架重修”为方法实施更新工作。早期，宽窄巷的保护更新工作在一定程度上忽视了城市历史文脉的完整性，导致少城公司对宽窄巷原有建筑的更新方式遭到原生居民抵触，也引起了多位历史民俗学家的批评；同时，宽窄巷建筑产权关系复杂，公私难以算清，且有部队财产、教会财产分割问题，还有居民搬迁补偿标准存在分歧等因素，致使宽窄巷前期拆迁工作举步维艰。宽窄巷改造更新工程于2007年移交成都文化旅游发展集团有限责任公司（简称“文旅集团”）负责实施。宽窄巷历史街区保护更新工作实施之时，仅有《文物保护法》（2007年修正）、《历史文化名城保护规划规范》（GB 50357—2005）、《城市紫线管理办法》相关保护管理条文作为参照，成都市尚无针对历史文化街区保护的实施条例、规范提供政策支持。

2. 宽窄巷街区景观与空间的保护更新

前后历时4年，宽窄巷历史街区于2008年完成了保护与更新实践。该项目将宽窄巷更新改造目标定位为“院落沉浸式”商业旅游街区。宽窄巷最终被打造成为以民居院落为载体，以民俗文化为依托，以商业为主体的文旅产业孵化地。宽窄巷的商业化提高了街区经济效益，城市税收增加，街区环境质量提升效果显著（图4-21）。

图4-21 宽窄巷整体街景

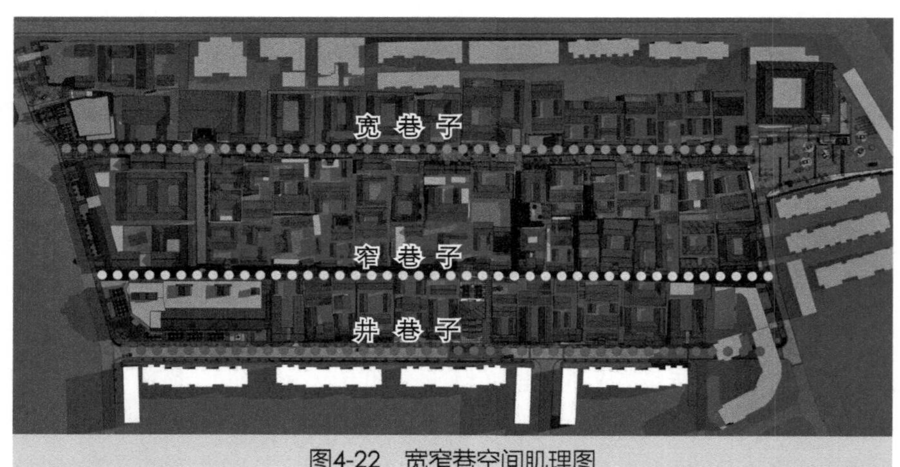

图4-22 宽窄巷空间肌理图

宽窄巷的保护更新，首先尊重原有“鱼骨”型的街道肌理（图4-22），保持了街巷行排布的空间结构。在更新过程中，针对宽窄巷区域建筑现存状况，将三条巷子依次打通，提升了街区的通达程度，明确了空间指向。如此一来，游客在参观游览时会更加便捷。

街区保护实施阶段，针对街区基础设施落后的问题，对整体电网与供水系统进行了彻底的提升、改造。同时，建立了污水处理系统与垃圾处理机制；规划了公共厕所的位置；更新了路灯、指示牌、公共座椅等街道家具（表4-2），在突出了川西文化特征的同时，解决了街区公共服务缺失的问题。

表4-2　宽窄巷街道家具展示表

类别	路灯	道路指示牌
公共设施	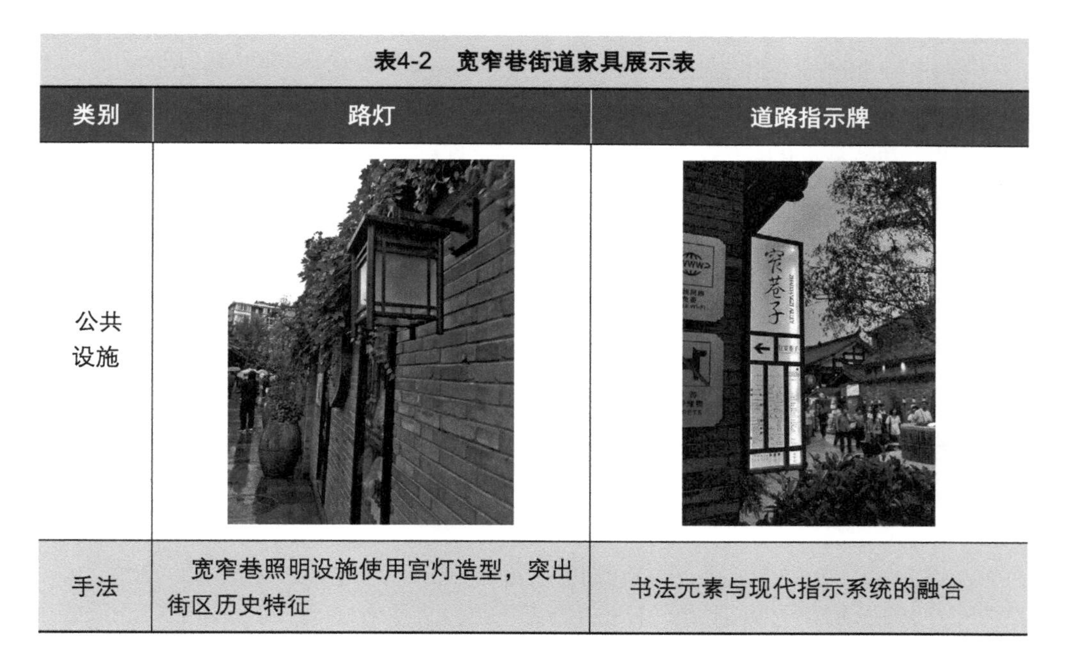	
手法	宽窄巷照明设施使用宫灯造型，突出街区历史特征	书法元素与现代指示系统的融合

宽窄巷的建筑景观保护与更新工作坚持“修旧如旧”的原则，最大限度地保持了宽窄巷风貌的历史延续性。在历史建筑保护方面，街区清代、民国时期历史建筑予以全部保留，按照文物修缮的标准进行维护维修。在宽窄巷整体保护与更新过程中，40%的原有历史建筑得到了修复保护，45座院落得以保存。但是，这些历史建筑除了宽窄巷11号“恺庐”保留了原有民居的建筑功能外，其余建筑都更新为商业店铺。在建筑风貌保护与更新中，宽窄巷在保留民居院落形制的基础上，沿用传统砖木构架，使建筑形式与风貌得以延续。宽窄巷临街建筑都采用了“硬山顶”的屋顶形式（图4-23），保持了原有的错落有致、层次感强的街道天际线，突出了宽窄巷街区川西建筑特征。在建筑色彩与材料方面，选用了青瓦（图4-24）、小青砖等材料，保持了原有民居青瓦灰墙的色调；在地面铺装方面，采用当地盛产的花岗岩作为铺地基材，使街区整体色彩与形象更有历史韵味。

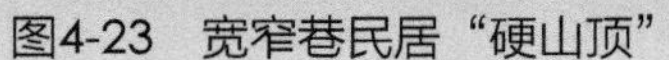

图4-23　宽窄巷民居“硬山顶”

图4-24　宽窄巷民居青瓦屋顶

在街区建筑景观装饰方面，街区内建筑继承了自身原有特征，在北方建筑装饰基础上融合了川西民居的特点。街区民居宅门形式丰富，常用的有广亮大门、蛮子门、如意门等形式；窗棂纹样众多，常用的有亚字拐、灯笼锦、步步锦、梅花漏等。街区保护与更新在保护“原址原貌”的原则下，院落宅门形式（表4-3）、窗棂（表4-4）形式都给予最大限度地保留与继承。

表4-3　宽窄巷民居大门样式展示表

类别	广亮大门	蛮子门	如意门
样式			
特征	广亮大门是官宦人家用的宅门形式，其重要特点是门前有半间房的空间，房梁全部暴露在外	蛮子门是商人富户常用的宅门形式，门扉外面不留容身空间，将槛框、余塞、门扉等安装在前檐檐柱间	如意门是一般百姓常用的宅门形式，其特点是在前檐柱间砌墙，在墙上居中部位留一个尺寸适中的门洞

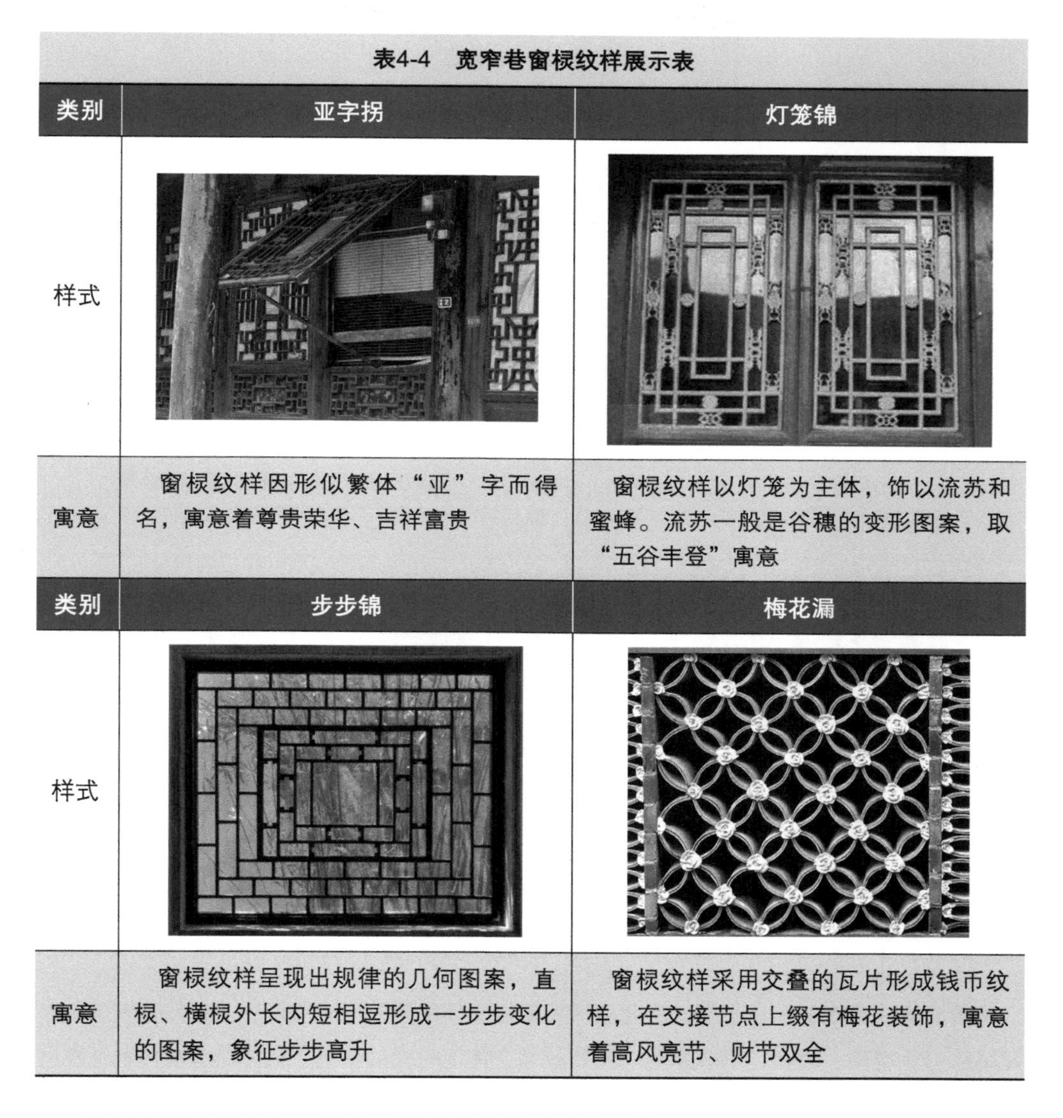

表4-4　宽窄巷窗棂纹样展示表

类别	亚字拐	灯笼锦
样式		
寓意	窗棂纹样因形似繁体“亚”字而得名，寓意着尊贵荣华、吉祥富贵	窗棂纹样以灯笼为主体，饰以流苏和蜜蜂。流苏一般是谷穗的变形图案，取“五谷丰登”寓意
类别	步步锦	梅花漏
样式		
寓意	窗棂纹样呈现出规律的几何图案，直棂、横棂外长内短相逗形成一步步变化的图案，象征步步高升	窗棂纹样采用交叠的瓦片形成钱币纹样，在交接节点上缀有梅花装饰，寓意着高风亮节、财节双全

街区中原生性宅门、槛窗、挂落等传统形式大量使用，达到了与历史相互呼应的效果。同时，将门窗的装饰元素加以创新运用。将宽窄巷民居中的方形漏窗重构为扇形漏窗，并置于宽窄巷庭院内障墙、店铺外墙之上，形成了宽窄巷特色装饰元素符号，从而体现出宽窄巷北方民居装饰与川西装饰风格相融合的特点，对街区建筑文化传承有推广作用，且与老建筑外壁漏窗产生了呼应关系，以符号化的方式传承了宽窄巷历史与文化。

宽窄巷在文化景观保护、再生方面独居匠心。朱成（国家一级美术师）为宽窄巷设计了一系列文化景墙（表4-5），用立体墙绘的形式直观地重现了宽窄巷的历史风韵，成为街区标志性文化景观。

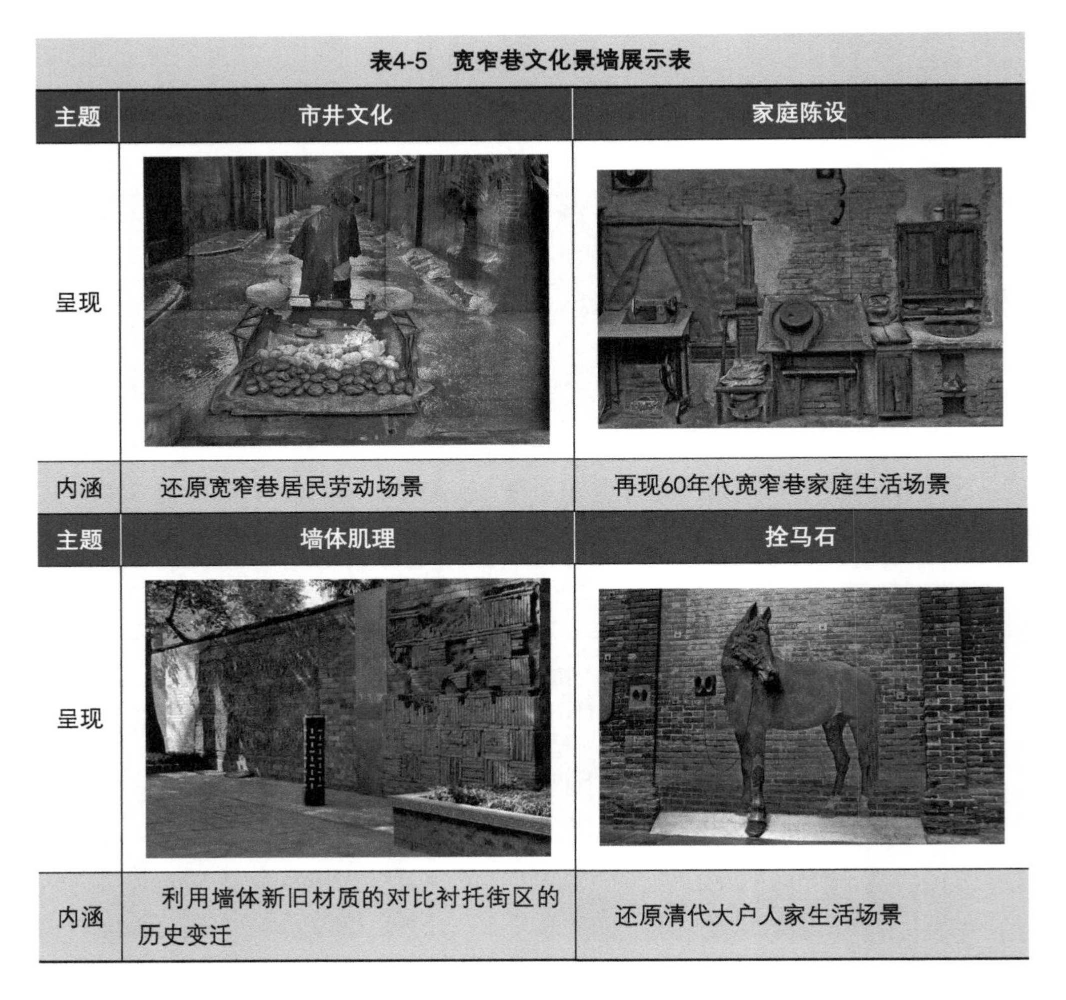

表4-5　宽窄巷文化景墙展示表

主题	市井文化	家庭陈设
呈现		
内涵	还原宽窄巷居民劳动场景	再现60年代宽窄巷家庭生活场景
主题	墙体肌理	拴马石
呈现		
内涵	利用墙体新旧材质的对比衬托街区的历史变迁	还原清代大户人家生活场景

景墙绘制或将宽窄巷早期的市井生活场景以立体墙绘的形式展现；或将残存墙体与新建墙体进行堆砌、组合，形成强烈对比的效果，体现时代的碰撞；或将具有时代象征性的家庭陈设镶嵌在砖墙上，诉说街区发展的历史。这些具有时代烙印的景墙将宽窄巷历史直接呈现在人们的眼前。

在街区植物景观设计上，大量采用了竹元素（图4-25）。众所周知，我国最大的熊猫养殖基地坐落在成都。竹子作为熊猫的主要食物，逐渐成了成都的形象符号之一。宽窄巷不但种植竹子作为街道主要植物景观，同时在街区隔断、墙饰上大量使用竹元素，强调成都“大熊猫之乡”（图4-26）的城市标签。

图4-25　宽窄巷中的竹元素

图4-26　宽窄巷中的熊猫元素

3. 宽窄巷街区历史与文化的保护更新

宽窄巷历史街区在文化保护更新方面致力于保护与推广成都的市井文化与地域文化。街区是承载历史的物质空间，而文化是街区空间的内核所在。在地方艺术与手工艺的保护与传承方面，街区管理方邀请民间从事传统手工艺的师傅，以花车形式展示和传承皮影、叶子烟、捏糖人、“三大炮”、采耳等传统市井文化，同时扶持蜀绣、漆艺、面人、银铺等传统手工艺店铺经营，在业态上保护并传承了成都非物质文化遗产（表4-6）。

表4-6　宽窄巷非物质文化遗产保护汇总表

类别	采耳	川剧
非物质文化遗产		
定义	采耳是流行于川蜀地区的一种关于掏耳朵的民间技艺	川剧是流行于四川东中部、重庆的地方戏剧，川剧变脸表演独具特色
呈现方式	在街区中以流动摊位为主服务顾客	街区中专设戏台进行川剧表演推广

续表

类别	“三大炮”	成都面塑
非物质文化遗产		
定义	“三大炮”是四川地区传统特色小吃，因制作过程中发出三次响声而得名	面塑是一种以粉、糯米粉为主要原料的制作简单但艺术性很高的民间工艺品
呈现方式	在固定店铺中制作、售卖，并以声音吸引顾客	以固定摊位作为展示橱窗吸引顾客
类别	成都漆艺	银器
非物质文化遗产		
定义	成都漆艺源于3000多年前的古蜀时期，被誉为“雕镌知器，百伎千工”	用传统工具以捶打等方式制作银制品
呈现方式	街区内设有漆艺专门店铺	在固定店铺门口现场制作，展示传统技艺

在宽窄巷保护更新过程中，鼓励当地具有地方文化代表性的商家、手工艺人进驻街区，力图将成都地方传统商业、手工艺浓缩进宽窄巷做集中展示。宽窄巷历史文化街区在保存街区原有老字号的基础上，吸引了一批成都老字号商家入驻，如赖汤圆、中坝酱油等，利用城市传统商业的品牌效应增强街区商业文化的影响力。另外，除了高价值商业品牌进驻外，街区也为茶馆（图4-27）、火锅店（图4-28）等具有民俗性质的商业留下了生存空间。值得一提的是，街区为一些手工艺人配发流动商户营业执照。例如在宽窄巷街头巷尾，游客就能享受到采耳的服务，亲身感受到成都非物质文化遗产的魅力。

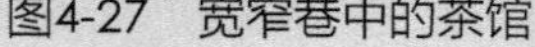

图4-27 宽窄巷中的茶馆

图4-28 宽窄巷中的火锅店

宽窄巷的商业文化保护与推广也别有巧思，尤其注重店门装饰、橱窗展示与街区历史文化的融合。例如街区临街店铺入口摆放具有文化象征意义抱鼓石（图4-29）、石制鱼缸等摆件；店铺橱窗里摆放三星堆面具复原品等文物摆件（图4-30）。店铺装饰与街区文化景观融为一体，突出城市与街区的文化底蕴。

图4-29 宽窄巷商铺门前抱鼓石

图4-30 宽窄巷店铺橱窗

由于街区采取商业化改造的方式，直接导致街区中除商业文化外的其他原生性历史文化被弱化。为了弥补此种缺憾，街区采取定期举行摄影展（图4-31）、茶会、讲堂、创意集市等活动的方式彰显街区历史文化特色，将历史遗留的残墙保留起来安置在街道上（图4-32），以历史街区为依托，以文化活动为载体，吸引城市居民和游客共同参与，突出街区的历史文化特征。此类折中式文化宣传的目的仍然是增加街区人流，提升街区商业收益，只能作为街区历史文化保护的弥补手段。

图4-31　宽窄巷摄影展

图4-32　宽窄巷历史墙体遗迹

三、宽窄巷历史文化街区整体改造的成效

宽窄巷完成更新后于2008年6月14日正式开街。开街的第一年就吸引800多万名游客。如今进入街区游览参观的人络绎不绝，日均人流量高达4万人次。宽窄巷更新项目先后荣获“中国创意产业项目建设成就奖”“四川省文化产业示范基地”“中国特色商业步行街”等奖项、称号，已经成为我国城市历史文化街区保护更新的经典案例之一。宽窄巷历史文化街区改造更新后，游客在此可以体验看皮影戏、木偶戏、川剧、变脸、捏糖人等老成都民俗，还可以在咖啡馆、酒吧、餐厅享受现代都市生活。更新后的宽窄巷极大地促进了成都旅游业的发展，在一定程度上让街区历史文化得以保存和延续。

宽窄巷保护与更新延续了原有街道肌理，维持了川西四合院建筑风貌，尊重了宽窄巷中老建筑的空间格局，在街区景观保护更新方面做得较好。但是宽窄巷更新以打造“商旅一体”的商业街区作为建设目标，也造成了街区在历史文化保护层面整体性不足、原真性丧失等现象发生。历史街区中的景观与空间、历史与文化是一个有机整体，仅重视街区物质性的保护更新会直接造成历史街区保护与更新整体不足的问题。

成都宽窄巷针对保护与更新中面临的难题采取了系列解决措施。由少城公司提供资金，在政府的协助下解决产权纷争，随后引入专业设计与建设团队对街区进行商业化改造提升。对于街区的原生居民实施集体外迁的政策解决街区人口密度过高的问题。这一系列措施虽然解决了大部分的街区历史遗留问题，但是也给街区的保护更新带来了不良影响。街区原生居民的集体搬迁，导致了街区文化原真性、文化生态系统的毁灭性破坏。2004年成都市政府出台《宽窄巷子改造工程拆迁安置实施方案》，采用房产安置与资金安置的方法推动居民搬迁，最终940余户居民留下了110户，重点历史保护区原生居民家庭仅占极少数。随着更新工作的推进，街区被服务于游客的高附加值商业占领（表4-7），部分居民再次迁出宽窄巷。现在的宽窄巷已然成为一个旅游景点般的街区，众多游客慕名而来，而剩下的原生居民也成为宽窄巷文化景观的一部分。因私人生活空间屡遭游客侵犯，居民被迫在自家大门上张贴“私人住宅，谢绝参观”的告示。受街区商业、旅游业的双重驱逐，目前依然在宽窄巷中生活的原生居民已为数不多。

表4-7 宽窄巷2018年业态调研统计表

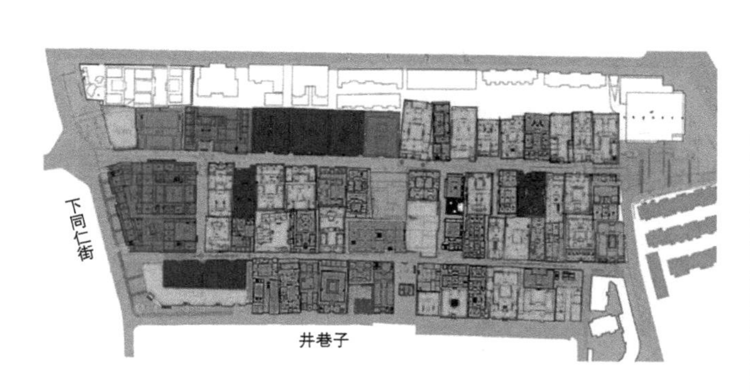

业态类型	面积/m^2	比例/%
酒店	2351.7	5.32
会所	1916.2	4.33
博物馆	804	1.81
住所	4522.5	10.23
餐饮店	17835.4	40.32
零售店	6170.7	13.91
茶馆	4381.8	9.95
咖啡酒吧	6237.7	14.14
合计	44220	100

从街区居民社会性结构的颠覆，到街区功能多样性的消失，再到街区历史文化保护向商业利益让步，宽窄巷的保护与更新之间出现了较为严重的失衡现象。街区商业比重无节制性地升高，对宽窄巷历史文化保护产生严重的影响，让历史街区沦为穿着文化保护外衣的城市商业街区。宽窄巷历史文化街区的探索性保护更新实践，为成都市历史街区的保护更新提供了宝贵的实践经验。在此基础上，成都市于2017年制定并通过了《成都市历史建筑和历史文化街区保护条例》[1]，明确提出了政府对历史街区的保护提供资金保障，减弱社会资本对历史街区保护更新实施的负面影响，避免再次出现历史街区过度商业化的现象。

[1] 《成都市历史建筑和历史文化街区保护条例》于2017年6月3日批准，2017年8月1日开始实施。条例明确了“市、区（市）县人民政府应当对历史建筑和历史文化街区保护工作给予经费保障，将保护资金列入同级财政预算，专项用于保护和管理”，“保护资金其他来源还包括：（一）单位、个人和其他组织的捐赠；（二）其他依法筹集的资金。保护资金的使用和管理应当接受相关部门和社会的监督”。

第五节

济南百花洲历史文化街区渐进式保护与更新

一、济南百花洲历史文化街区概况

济南市位于我国华东地区、山东省中部，是山东省经济政治中心，总面积约10240km^2，至2021年末，城镇常住人口约700万人。济南市为山东省省会，历来有“泉城”之称，同时也是国家历史文化名城、首批优秀旅游城市。

“百花洲”，又名“百花池”“小南湖”，地处济南老城区腹地。百花洲地理位置优越，上承大明湖，下接趵突泉，东南与黑虎泉相望，位于城市景观的中轴区域，贯穿城区南北。百花洲历史文化街区东起珍池街，西至贡院墙根街，北邻大明湖路，南至芙蓉街（图4-33），街区囊括了辘轳把子街、后宰门街、岱宗街、万寿宫街等历史底蕴深厚的老街老巷，是济南古城区现存最完整、规模最大的历史街区。

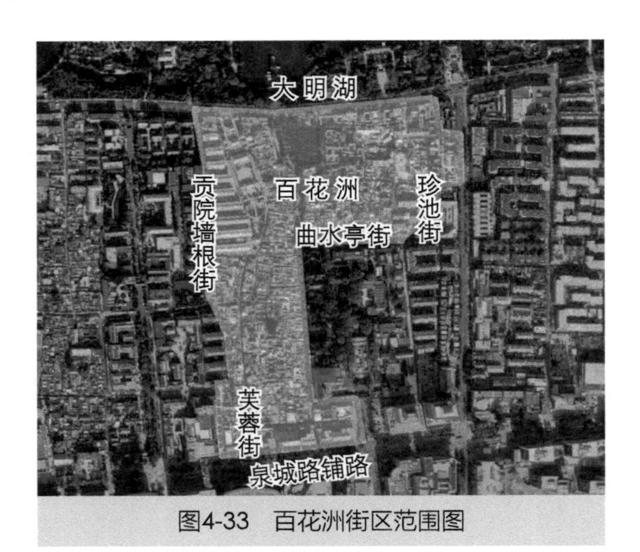

图4-33　百花洲街区范围图

二、百花洲历史文化街区渐进式保护更新实践

1. 百花洲保护与更新的背景

1985年，为保护百花洲历史文化街区，济南市规划局邀请有关专家对该地区做了保护与更新规划研究，初步制定了百花洲保护更新框架。次年，《济南历史文化名城保护规

划》将百花洲历史文化街区纳入保护范围。

1999年，济南市颁布了专门针对芙蓉街、曲水亭街等历史传统街区的《济南市芙蓉街—曲水亭街保护整治规划》。该方案对用地规划、交通规划、景观及建筑保护和控制、泉系保护等提出了具体的保护规划措施。这是历年来济南市针对百花洲历史文化街区保护和发展提出的最为详尽和具体的综合整治方案，对于该街区的保护和发展意义重大。但是由于该规划方案可实施性较差，最终未得以落实。

此后的几年时间里，济南陆续出台了泉水保护以及街区保护的相关条例，取得了一定成效，但都未能系统解决百花洲历史文化街区存在的问题。随着百花洲历史文化街区环境的恶化，街区租户的增多，街区传统商业式微，为低端餐饮、低端零售业创造了发展空间。街区基础设施缺失，居住功能弱化，致使街区大部分房屋被出租给外来人口，加之原生居民人口结构趋于老龄化，街区历史与文化在城市化扩张的背景下逐渐消失。

2014年，百花洲历史文化街区正式获批为省级历史文化街区。济南市规划局也开始着手制定专项保护规划——《芙蓉街—百花洲历史文化街区保护规划》，并且多次召开会议对规划方案进行讨论、审查，使街区更新计划趋于完善。

在济南市规划局的主导下，百花洲历史文化街区的保护更新做了充分的准备工作。首先，专业勘测人员对街区进行了详细调研，对街区风貌、建筑、基础设施状况以及泉水遗址状况做了详细记录；其次，通过查阅历史资料，对街区形态、肌理变化、传统文化等进行记录整理，为街区的保护更新打下了扎实的材料基础；再次，针对民居环境与街区设施改造的问题，向居民发放问卷并进行访谈，切实了解民意诉求；最后，政府多次组织专家会谈，积极接纳社会各界的意见反馈，拓展街区规划视野与思路，并按期向社会公示规划成果。在完成街区问题调研基础上，规划部门仔细听取居民意见，综合专家多方面建议，决定对街区展开“渐进式”的保护与更新。百花洲历史文化街区保护与更新启动实施时，仅有《文物保护法》（2017年修正）、《历史文化名城保护规划规范》（GB 50357—2005）、《城市紫线管理办法》、《历史文化名城名镇名村保护条例》等国家层面的相关保护管理条文作为参照，济南市尚无针对历史文化街区保护的实施条例、规范提供政策支持。直至2020年9月，济南市颁布了《济南市历史文化名城保护条例》，明确了济南历史文化街区的保护规划、保护措施等内容，为历史街区保护提供了地方法规上的支持。

2. 百花洲街区景观与空间的保护、更新

济南百花洲采用的渐进式保护更新是通过在街区关键节点上进行持续性改善，进而达到街区环境优化从量变向质变飞跃的过程。渐进式保护更新有规模小、连续性强的特点，是对历史街区保护与更新方法的有力探索。

2016年6月1日，百花洲历史文化街区保护一期项目正式完工。街区以芙蓉街为突破口，采用以点带面的方式，对百花洲历史文化街区实施保护更新。首先通过对芙蓉街等历史上具有商业属性的街巷进行更新，系统化地盘活街巷商业功能，激发街区活力。在此基础上，进一步对其余街区民居区域进行长期“渐进式”的保护更新。

济南百花洲历史文化街区保护继承了以水路为主轴，“六纵七横，泉系贯通”的空间结构，恢复了街道中原有的泉水景观空间（图4-34），形成了“泉水”为骨架的街区景观轴线。在街道空间尺度上，维持了原有1～2层的建筑高度，保持街道宽度基本不变，形成了高宽比在1：1～2：1之间的街巷空间（图4-35）。百花洲通过对街区街道肌理的梳理，较好地保护了街区“泉文化”的空间环境，形成了完整的水陆相间的街区景观，延续了济南市市民对老城区街巷的宝贵记忆。

街区人口老龄化是造成百花洲街区活力衰退的主要原因之一。外来人员比例上升导致了人口结构的复杂化，进一步加剧了街区基础设施老化与整体环境恶化。更新后的百花洲街区整体功能与环境全面提升，具体包括，修复街巷原有青石路面；供电、通讯、宽带等线路全部转为地底埋线；改造、铺设雨污水管线，彻底解决街区排洪不畅、污水冒溢等问题。同时，街区增设了具有济南文化特征的道路指示系统（图4-36），提升了街区的通达性。

图4-34 百花洲泉水景观

图4-35 百花洲街巷尺度

图4-36 百花洲街巷路标

通过对街区内部临水街道的较大规模的治理——清淤泄水、疏通河道，打通水系，彻底修复了街区泉水景观，复原了街区“水街共生”的建筑景观风貌。街区中的带状水系与街巷道路、民居建筑共同形成具有休闲性质的街巷公共空间（图4-37），让居民、游客能够与建筑、景观产生互动。如王府池子街中的濯缨湖区域，可供游客观赏泉景、休闲嬉戏，可供居民聚会闲谈，人与景之间的和谐共生使传统街巷充满生机与活力。

百花洲渐进式保护更新秉承保护街区原有建筑风貌的原则，对违章加盖建筑予以拆除；对保存较好的具有历史价值的建筑进行维修；对破损严重的历史风貌建筑进行复原性修缮。在建筑材料选用方面，百花洲历史文化街区的更新以青砖等传统材料为主，最大限度地保持了街区古韵。街区建筑群排列紧凑，北方民居特有的“硬山顶”屋顶首尾相连，形成了舒张有序的街区建筑天际线。在“泉文化”的晕染下，街区不经意之间透露出老济南历史文化街区温婉、素雅的气质。

百花洲历史文化街区保护更新项目尤为重视对建筑装饰的保护。街区保护中对历史建筑的脊兽（图4-38）、影壁、砖雕、彩绘进行了恢复；建筑上的灰瓦、悬挑、飞檐、墀头尽数保存。在民居保护区域中，沿街民居的墙头、屋顶铺换仿古小瓦，外墙都改贴仿古青砖，再现“白墙灰瓦、小桥流水”的济南古城街巷旧景。在街区商业区域范围，对街巷采取修整店铺立面、规范牌匾形式等方式进行改造，例如芙蓉街两侧商铺统一改造成具有朱红窗、青砖瓦、白线墙装饰特征的仿古建筑，进一步增强了街区古香古色的历史韵味。百花洲渐进式保护更新让街区景观焕然一新，继承发扬了历史街区独有的景观韵味（图4-39）。

图4-37　百花洲公共空间

图4-39　百花洲更新后的街景

图4-38　百花洲建筑脊兽

3. 百花洲街区历史与文化的保护更新

百花洲的“渐进式”更新对街区文化生态起到了良好的保护作用。街区采取分步、分期实施保护更新的模式，最大限度地避免了街区原居民邻里关系、社会结构的破坏，保护了地方文化生长的温床。同时，对街区人口老龄化、人员构成复杂化起到了一定的改善作用。在具体实施措施上，与其他街区更新不同的是，百花洲历史文化街区通过系统更新的方式促使街区经济增长，激发街区活力。在此基础上，改善街区居住环境，保证街区原生居民不盲目外迁，并吸引新居民入住街区，达到为街区文化生态系统注入活力的目的。此外，街区的文化多样性也保护得较好，体现了街区保护更新对居民的尊重。例如，街区范围内的关帝庙（图4-40）、方济会天主教堂（图4-41）等宗教历史建筑都得以修缮保存，让街区居民宗教信仰得到保护，保障了百花洲历史街区文脉传承的完整性。

百花洲良好的街区景观环境为街区历史文化保护奠定了基础。街区的地方文化保护是以“泉文化”为线，以街区非物质文化遗产为点，构建出街区文化保护的整体框架。百花洲街区文化保护采用文化源头保护与文化氛围保护并重的方法。对于街区文化源头的保护，采取的措施是首先在街区泉水源头清淤，疏通水系，恢复“泉清水净”的景观风貌；其次在沿街住户门前安装具有泉城特色、由名人书写篆刻的楹联，打造古色古香的“泉水一条街”；然后在街区内设立多个泉水直饮用点，通过泉水公共饮用体系让游客直接体验到街区“泉文化”。街区对文化氛围的保护采取了多重手段。2013年起，济南市每年都举办泉水节来宣传泉文化，号召群众保护泉水资源。以2017年济南泉水节为例，主题口号为

图4-40 芙蓉街关帝庙

图4-41 后宰门街天主教堂

“我们的泉水节”，并开展了14项主要活动，吸引了国内外众多游客共同参与，扩大了“泉文化”的影响力。街区里还设置了街区居民与游客共用的公共活动空间，让游客可以直接体验到原汁原味的济南老巷中的市井文化。街区地方文化的保护以街区“泉文化”的保护为起点，以文化氛围营造为手段，打造符合街区发展需求的街区新文化。

百花洲历史文化街区在非物质文化保护与展示上颇有新意。2016年起，百花洲历史文化街区定期举办非物质文化遗产展示活动。活动的内容主要以民俗文化展示为主，活动期间济南知名老字号、特色文化单位充分展示济南具有代表性的地方小吃、地方手工艺品，吸引大批市民和游客前去观赏游玩。同时，百花洲历史文化街区长期举办国家级非遗项目济南皮影、省级非遗项目“兔子王”制作展演活动。此外，济南剪纸、面塑、鲁绣、古琴4个省级非遗项目、14个市级非遗项目入驻街区，多个济南民俗文化体验馆（图4-42）在街区中得以设立。2018年济南百花洲国家传统工艺工作站（图4-43）正式成立，标志着街区已经发展成为济南传统工艺体验展示交流平台。

图4-42　百花洲民俗文化体验馆

图4-43　济南百花洲国家传统工艺工作站

三、百花洲历史文化街区渐进式保护更新的成效

百花洲历史文化街区渐进式保护更新是对历史街区大规模拆建、改造方式的反思。历史街区如果实行彻底拆建，将对街区历史文脉、居民结构、人文环境造成不可逆的破坏。渐进式保护更新强调以柔和性、渐进性的方式由内而外、分区域对街区实施保护更新工作。相较于整体拆建的更新手段，渐进式保护更新更富有弹性，通过在历史街区关键节点上的持续改善，达到街区环境优化从量变到质变的飞跃。

但是百花洲历史文化街区仅有较少部分完成了保护更新，大部分居住区域还维持着原有状态，依旧存在着大量未解决的问题。一是街区居住区域中基础设施更新不足，私拉电线、乱搭乱建现象依然严重；二是街区公共空间、景观绿化更新并未完全覆盖至居住街巷；

三是芙蓉街等商业区域中业态单一，现代商业与传统手工业的融合受阻，街巷中以餐饮业居多。百花洲街区的渐进式保护更新还需要持续推进，才能及时推进项目的正式完工。

从百花洲历史文化街区渐进式保护更新的整体效果来看，街区利用其优越的地理位置，通过局部更新的方式激发街区活力，进而引入非物质文化遗产保护项目，使百花洲成为济南城市文化继承与发展的沃土。百花洲历史文化街区渐进式保护更新为《济南历史文化名城保护条例》的颁布提供了有力的实践支撑，也为城市历史文化街区保护更新探索出了一条非商业性改造的实施路径。

第六节

广州永庆坊历史文化街区微改造

一、广州永庆坊历史文化街区概况

广州市地处广东省腹地，至2021年末常住人口约1881万人，为广东省省会，是我国重要的对外开放港口、历史文化名城。

永庆坊历史文化街区位于广州市荔湾区东北部，被西北方西关培正小学、东北方粤剧艺术博物馆与西南方恩宁路呈三角式簇拥在中间（图4-44），现在已经成为广州市打造的“老城市、新活力”地标性城市名片。永庆坊微改造一期占地面积约8000m^2。

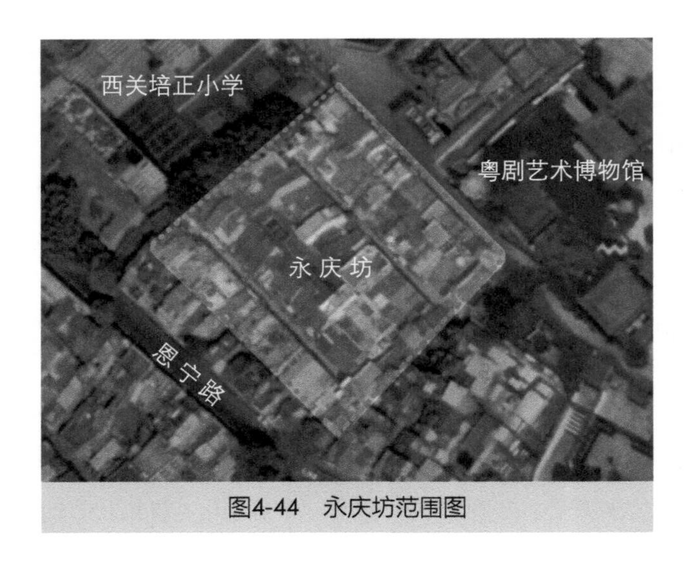

图4-44　永庆坊范围图

二、永庆坊历史文化街区微改造实践

1．永庆坊历史文化街区保护与更新的背景

更新前的永庆坊历史文化街区建筑结构腐朽，墙体破败，街区易积水，电线排布错综复杂，居住环境较差，大量居民外迁。除低端手工业与传统商贩开店谋生外，街区其他商业凋敝。永庆坊的地租长时间维持在较低水平，与紧邻的上下九商业街形成鲜明对比。

2006年广州市出台《恩宁路地块广州市危破房试点改革方案》，把恩宁路定为首批危房拆除地区，计划拆除所有建筑，更新为现代化中高层地产，以原地回迁的方式进行建设。这种“推平”历史文化街区进行“重铸”的方案遭到社会各界的抵制。

2009年区政府公布《恩宁路历史文化街区保护开发规划方案》，开发思路初步向保护历史文化迈进。2010—2011年，在区政府主导下组建了“恩宁路旧城改造项目专家顾问组”，建立起针对恩宁路历史文化保护与更新的审核机制。

2011年广州市通过了《恩宁路旧城更新规划》，并制定了详尽的规划导则。整体规划转变为修缮旧有建筑，重建传统街区，恢复西关原有风貌的历史街区更新策略，居民与政府在历史文化街区保护与更新思路上达成了初步共识。政府支持居民自主更新，市民积极响应、配合政府工作，遵从规划准则。因资金缺乏，居民自主更新能力不足等原因，更新工作被迫长期搁置，恩宁路旧屋成为垃圾囤放地，被流浪汉占据（图4-45）。

图4-45　永庆坊更新前街区景象（图片来源：竖梁社建筑设计）

2015年，广州在全国率先成立广州市城市更新局，次年颁布《广州市城市更新办法》，城市发展思路由“旧城改造”转向“城市更新”，将恩宁路中风貌保存相对完好的永庆坊街区设为旧城改造项目试点，正式将更新模式定位为保存街区历史文化价值的“微改造”模式。通过公开招标，将街区交由广州万科企业有限公司建设经营，继而深化“微改造”的概念，确定了“微改造”是广州历史文化街区保护与更新的重要方法之一。永庆坊历史文化街区保护更新实施时，各项保护条文已比较完善，既有《中华人民共和国文物保护法》、《历史文化名城保护规划规范》（GB 50357—2005）、《城市紫线管理办法》相关保护管理条文作为参照，又有广州市于2015年出台的《广州历史文化名城保护条例》提供地方性政策支持。

2. 永庆坊历史文化街区景观与空间的保护更新

永庆坊微改造是指在维持现状建设格局基本不变的前提下，通过对建筑物进行修复、修缮以及局部拆建，对街区公共空间进行改善、优化，对街道功能进行提升或者置换的街区更新方式。微改造主要适用于现状用地功能与周边发展存在矛盾、用地效率低和人居环境差的街区和地块。对历史文化街区采用微改造的更新方式，可以达到延续历史文脉，保护城市记忆的目的。广州西关永庆坊作为首个历史街区“微改造”试点项目，在城市街区保护与再生研究领域获得了较高的社会评价（图4-46）。

图4-46　永庆坊更新后街道景象（图片来源：吴嗣铭摄）

永庆坊微改造是政府与广州万科合作，采用BOT模式[1]进行保护性改造的街区保护更新项目。2016年10月，永庆坊一期更新项目正式竣工，接待访客。永庆坊保护更新工作遵

[1] BOT是英文Build-Operate-Transfer的缩写，通常直译为“建设—经营—转让”。这里指广州万科建设后获得15年经营权，尔后无偿转让给政府。

循“修旧如旧、建新和谐”“交通疏离、肌理抽疏”“文保专修、资源活化”的原则，将核心区域的荒废住宅区改造成为集商业办公、居民生活、文化展览于一体的文化体验街区。该项目对外围的骑楼立面进行修缮，保证原有老字号店铺继续经营，既保留了老广州传统商业文化特色，又维持了广州老街道的城市底蕴。在对街区内部原居住建筑进行更新与功能置换的同时，将李小龙故居、銮舆堂、粤剧艺术博物馆等街区文化节点完整保留，总体达到了以文化保护为主，以休闲商业为辅的保护更新目标。

永庆坊微改造（一期更新项目）强调维持街区原生空间肌理，通过对街道内部非法扩建、加盖、附建的建筑进行肌理抽疏，保持了街区原有一横两纵的空间格局（图4-47）。在街区空间尺度方面，永庆坊“微改造”将建筑高度控制在8.5m左右，街道继续保留原有2.8～5.2m的宽度。清除街区中的违章建筑后，基本上形成宽高比D/H=0.5[1]的街道空间（图4-48），维持了街道尺度的亲和力。通过保护历史街区空间肌理，延续永庆坊空间图底关系，当街区居民以及前来参观的游人置身于街头巷尾，他们关于老广州这座城市的空间记忆将被骤然唤醒。

图4-47　永庆坊现有肌理

图4-48　永庆坊街巷宽高比

❶ D为沿街建筑距离，H为沿街建筑高度。

历史街区的活力源于街道居民的传统生活方式维系。西关永庆坊历史文化街区在改造更新前，面临着街区功能老化、公共设施不足、公共空间缺乏等系列问题。这些问题直接造成了街区活力不足，居民生活不便等现象。因此永庆坊微改造需要在保留街道居民生活方式的前提下，改善街区环境，整体上满足居民对街区功能提升的需求。在基础设施更新方面，永庆坊微改造对经久失修、使用不便的公共服务设施进行更新和完善。改造后的永庆坊增加了消防管网，更新了街区排水系统、供电管道，有效消除了触电、火灾等安全隐患。在街区公共设施的设计方面，充分考虑到功能和形式的有机结合，在材料与造型上突出老广州的气质，力求在满足街区功能需求的基础上突出街区历史文化特征（表4-8）。

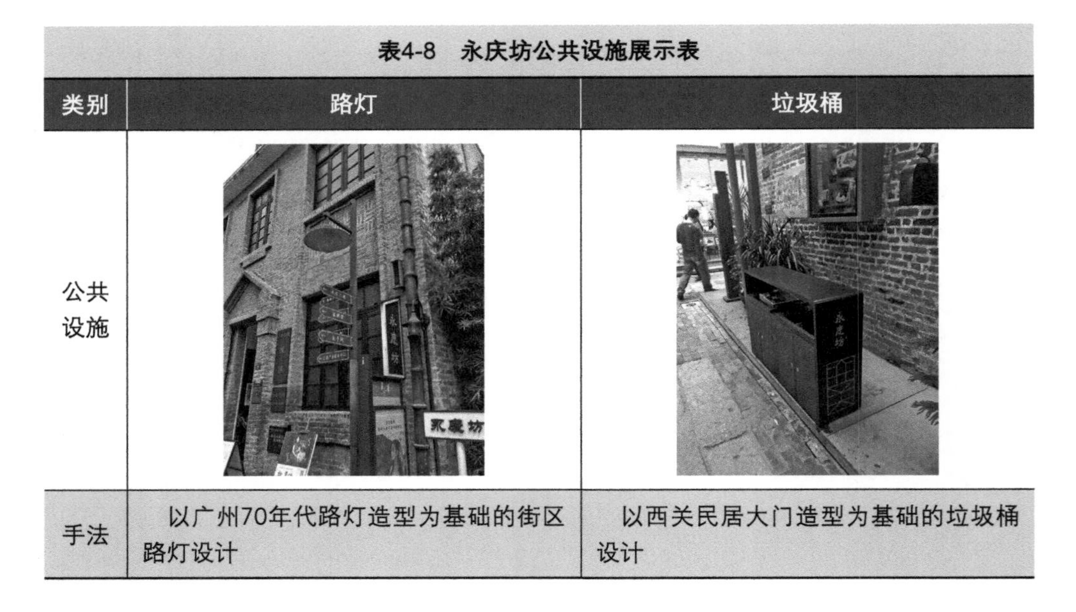

表4-8　永庆坊公共设施展示表

类别	路灯	垃圾桶
公共设施		
手法	以广州70年代路灯造型为基础的街区路灯设计	以西关民居大门造型为基础的垃圾桶设计

永庆坊“微改造”项目对街巷边角的小空间进行了整合与创新，创造出具有丰富空间功能的公共活动空间（图4-49），为居民提供交流场所，达到了增进居民交往，激发街区活力的目的。在建筑界面过渡的处理方面，善于运用绿植，弱化建筑与街道的隔阂，让空间过渡更加柔和，形成自然统一的街道视觉效果（表4-9）。同时该项目还利用橱窗、墙面装饰摆件对街道进行文化性装饰（表4-10）。在街巷传统生活方式保护方面，在更新中保留了原街区的西关地方饮食店面，最大限度地让居民的原有生活习惯得以保留，提升了街区功能，让居民保持着关于老西关的生活记忆。

更新前，永庆坊的房屋空置率较高，全街仅40%房屋有人居住，7%临街房屋用作店铺仓库，33%为闲置房屋，其余20%呈腐朽损毁状态。经过对街区内68栋破损建筑逐一排查分类、编号并评估，依据每栋建筑的保护状况制定了修缮修复、立面保留、危房

图4-49　永庆坊公共活动空间

复建等不同的微改造方案（表4-11）。在建筑细部方面，街区民居建筑保持了西关大屋直角式“硬山顶”（图4-50），形成鳞次栉比、节奏感韵律感强的街道天际线，彰显出独特的老广州地域特征（图4-51）。在建筑材料方面，选用钢材、混凝土等加固建筑内部骨骼，将建筑结构强度提升到现代建筑水平；建筑外部立面沿用了原有的砖墙，翻修的新肌体选用现代材料如玻璃、金属等，与原材质有了强烈对比的视觉效果；街道地面选用麻石铺路，协调街道颜色，突出了街道文化底蕴与岭南特征。

表4-9　永庆坊建筑界面的过渡绿植展示表

地点	建筑夹角	建筑拐角
绿植过渡		
手法	多种植物组合出有层次感的植物景观	使用植物组团修饰建筑直角

续表

地点	街道边界	建筑墙体
绿植过渡		
手法	利用盆栽模糊门面与街道的界线	利用藤本植物增强墙体自然美

表4-10　永庆坊街道文化性装饰		
类别	橱窗展示	墙面装饰摆件
文化性装饰		
手法	利用橱窗展示粤剧乐器文化	利用老式信箱的形式展示街区文化

表4-11　永庆坊建筑改造面积统计表

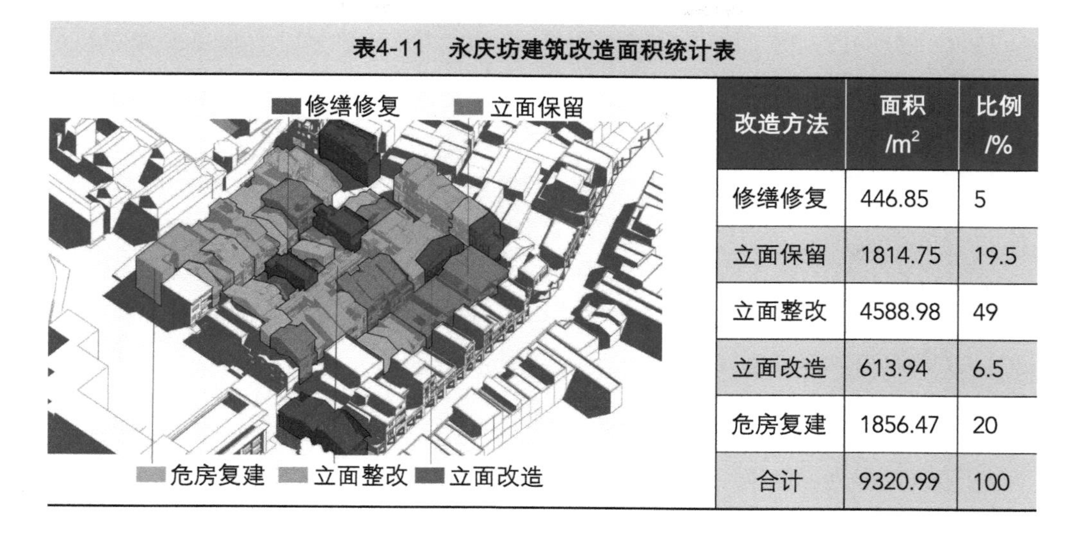

改造方法	面积/m²	比例/%
修缮修复	446.85	5
立面保留	1814.75	19.5
立面整改	4588.98	49
立面改造	613.94	6.5
危房复建	1856.47	20
合计	9320.99	100

图4-50　民居“硬山顶”屋顶

图4-51　永庆坊街区天际线

永庆坊微改造中遵循尊重原有建筑形制的原则，对街区民居内部楼梯做了最大限度的保留，同时沿用天井结构，并进行了现代功能植入。以永庆坊联合办公建筑“万科云”为例（图4-52），该建筑改造以天井为中轴，将整体办公区分为两部分，并且将天井与屋顶相接的区域改为天台与休憩区域，极大地提高了建筑空间利用率。天井下方设置了仿照硬山顶形状设计的玻璃制透明会议室，与整体建筑形式相呼应。现代设计理念与岭南传统民居的碰撞，最大限度地激发出传统岭南建筑文化的无穷魅力。

永庆坊微改造注重发掘街区中具有岭南特征的建筑景观装饰，并加以利用。街区内大部分建筑出入口采用广州传统趟栊门（图4-53）的形式，建筑立面保持或使用岭南民居山墙的装饰纹样，墙面上巧妙地运用传统岭南灰塑（图4-54）进行装饰，突出了街区中别具一格的岭南建筑文化氛围。

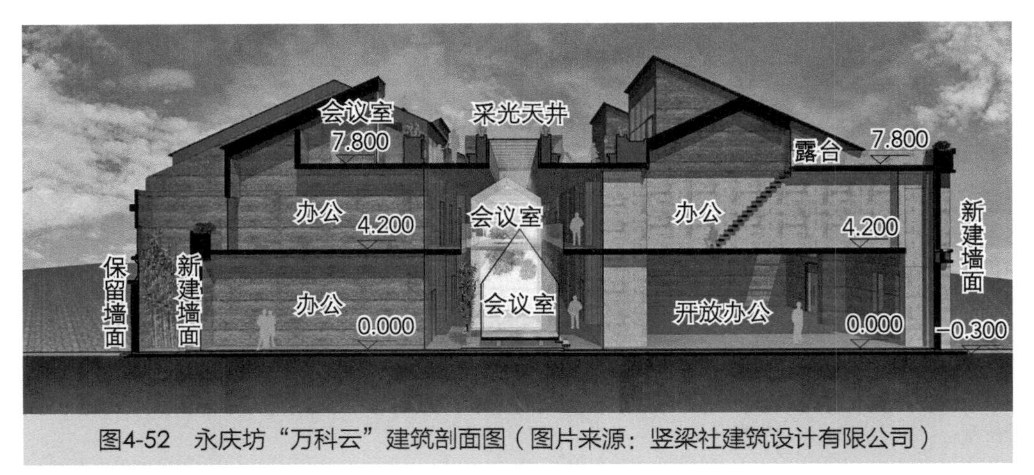

图4-52 永庆坊“万科云”建筑剖面图（图片来源：竖梁社建筑设计有限公司）

图4-53 永庆坊中广式趟栊门

图4-54 永庆坊墙面灰塑

3. 永庆坊街区历史与文化的保护更新

广州永庆坊微改造的主要目的是传承与推广街区的历史文化。永庆坊作为广州历史文化街区的代表，凝聚了许许多多极具代表性的广府地方文化。

在街区文化生态保护方面，永庆坊尊重街区居民搬迁或留守的意愿，最大限度地满足居民原地回迁愿望，让街区原生性文化生态结构得以保存。但随着街区开放运营，大量商家入驻，游客到访，居民的生活被打扰破坏。街区居民被迫关闭房门谢绝访客，大部分居民选择将房屋出租，另寻他处而居（图4-55、图4-56）。

值得庆幸的是，改造后的永庆坊虽然被商业簇拥，但始终将街区地方文化保护摆在核心位置。永庆坊在微改造中采用了多样立体化的展示形式对街区特色文化进行保护传承。例如街区通过对戏剧文化、民俗文化、名人文化的串联叙述，讲述街区历史与文化故事。在街区文化推广方面，永庆坊利用公共交通空间设立了街区文化展示廊道，着重对街区改造历史、地方民俗、建筑特征以及非物质文化遗产进行了详细介绍与展示，将街区历史、岭南文化、地方艺术浓缩在生动的图文中，让游客充分了解永庆坊的前世今生（图4-57）。

地方艺术的保护与传承方面，永庆坊积极保护街区中的非物质文化遗产。街区依托粤剧艺术博物馆对外推广粤剧艺术，并且定期举办粤剧文化交流演出，给粤剧的扎根提供土壤，也让居民和游客身临其境地体验到地方文化的魅力。街区对地方艺术的保护，不但可以激发街区居民的情感共鸣，而且可以为地方戏剧注入生命力。后续建设的永庆坊二期工程引入了广彩、广绣、醒狮、古琴等十余种国家级、省市级非物质文化遗产，对永庆坊微改造一期项目中的非遗保护工作进行了延伸与拓展。

在名人文化的宣传方面，广州万科对李小龙故居进行了原样修缮，并对建筑功能进行了优化。李小龙故居中设有多个主题展览空间，结合照片、海报、报刊、电影、雕塑

图4-55　永庆坊居民居住现状

图4-56　永庆坊紧闭房门的住户

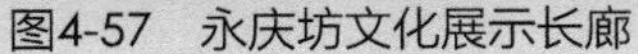

图4-57　永庆坊文化展示长廊

图4-58　李小龙故居雕塑

（图4-58）等形式，将李小龙的生平、武艺以及精神详尽展现给游客。永庆坊街区微改造依托名人效应，迅速提高了街区的知名度。

在传统商业文化的保护上，永庆坊临街骑楼底层商业容纳传统市井商业，街区内部引入了新业态带动街区经济发展。利用旧业态包裹着新业态的经营模式，一方面能保持原汁原味的广州市井文化，保护地域文化基础；另一方面用旧业态带动新业态发展，实现历史文化街区在发展中保护，在保护中发展的理想状态。

三、永庆坊历史文化街区微改造的成效

永庆坊作为广州历史文化街区微改造试点工程，依据《广州市历史建筑和历史风貌区保护办法》[1]的要求，在尊重原有街区肌理基础上，修补了广式建筑风貌，完善了街区功能，为街区景观注入了新生命。街区文化保护方面，深挖街区文化内涵，为原本空心化的街区文化内核附加了新动力。但是随着街区的开放，各类商业店铺进驻街区，游客蜂拥而

❶ 《广州市历史建筑和历史风貌区保护办法》于2013年11月25日讨论通过，自2014年2月1日起施行。条例明确规定“历史建筑和历史风貌区的保护工作，应当遵循保护为主、抢救第一、合理利用、加强管理的原则”。

至，对居民生活空间造成严重挤压。

永庆坊实施改造前，恩宁路“旧城拆迁”工程分批迁走原生居民，回收土地与房屋产权，后因缺少政策与资金支持造成工程受阻停滞，街区环境恶化，原生居民被迫搬离。原街区的人群结构因此发生了根本变化，原本高密度人口区域变为建筑荒地，街区文化生态系统遭受重创。前期的产权分配与分迁居民工作在一定程度上为永庆坊的更新工作扫清了障碍，但也导致了原有街区文化的肢解与破碎。永庆坊有心向街区文化振兴靠拢，但可依托的街道文化资源过少，只能引入城市文化资源作为文化支撑。永庆坊微改造采用的企业出资建设，获取一定年限的经营权，居民获取租金收益的BOT模式，同时保证了政府、居民、企业的参与性与自主性，是较为讲究均衡的历史街区保护更新资金筹集方案。在BOT模式下，企业通过出资对永庆坊完成保护更新，换取街区15年的经营权，在巨大的投资压力下，企业势必会以短期营利为目标，换取投资回报。笔者在2020年初对永庆坊实地调研中发现，随着街区名气的提升，各种零售、住宿、餐饮店铺已经遍布街区的各个角落（表4-12），仅存的12户原生居民夹在各类商铺中间，或自营店铺，或闭门度日，历史街区原生文化早已荡然无存。

表4-12　2020年永庆坊业态分布统计表

业态类别	店铺名称	比例/%
零售	THE DRESS、恒士通、六克拉、一桌广州、甜愿花艺、猫粉选物、落花度、莲香楼、星柔文化、方寸摄影	28
体验	创木工房、晓生活和风概念馆、字活活版印刷体验馆、青韵台、雅居廊、铁皮杂货铺、赞花、观照、西瓜剧场	25
美食	433生活馆、粤食堂、一桌广州、肉の万世、细蓉	14
饮品	�乌龙茶院、老广精酿、she x inn、普安茶舍、Studio 95、�缘、归觅、Sweet Monster	22
民宿	香蒌舍、Light House、433生活馆、五藏源	11

总的来说，永庆坊的微改造是历史文化街区保护更新全方位的探索，为历史街区的可持续发展贡献了宝贵的实践经验。永庆坊微改造项目总体上做到了保护街区肌理，优化街区功能，延续建筑风貌，目前已经成为广州城市历史与文化的“活化”展示中心。

第七节

我国城市历史文化街区保护与更新中的共性问题

通过对我国20余座城市30多处历史文化街区的实地考察发现，除个别历史文化街区保护更新时间早、实施情况较好之外，绝大多数城市历史街区保护更新案例都暴露出实施基础较差、困难多、保护意识滞后、整体保护更新效果欠佳等共性问题。

成都宽窄巷整体改造、广州永庆坊微改造、济南百花洲渐进式保护更新作为我国城市历史文化街区具有代表性的保护更新案例，都呈现出街区景观与空间保护更新较好，而街区历史与文化保护传承不足，街区过度商业化等共性问题。整体性保护更新的核心在于保护好街区的历史与文化特征，平江历史文化街区整体性保护更新在街区历史文化保护与展示方面取得较好的成绩。平江历史文化街区以街区历史与文化保护为核心，采用有机更新的方法，在街区景观、空间、历史、文化保护几个方面都取得了令人瞩目的成效，现已成为我国城市历史文化街区保护更新的典范。然而，基于街区保护更新基础、城市经济发展水平、保护意识上的差异，平江历史文化街区“有机保护”模式并没得到全面的推广。

一、我国城市历史文化街区保护与更新面临的难题

城市历史文化街区的保护与更新是一个长期性、系统性的工程。城市历史文化街区基本上都位于城市最古老的核心区域。由于我国城市历史街区保护更新发展较晚，保护意识相对滞后，因此街区的保护更新实施基本上都会面临不少难题。

1. 建筑、人口密度高

与城市新建街区相比，城市历史街区形成时间长，问题积累多。尤其是居住类型的历史文化街区，直接面对街区建筑、人口密度极高的问题。新中国成立后，政府将没收的房产分配给无房可居的市民，原来一家人居住的院落、小楼被分配给数家人共同居住。几十年后，随着街区人口的增长，滞留居住在历史文化街区人口变成了原来的数倍，人均居住面积较小。例如，笔者在北京南锣鼓巷历史街区调研时发现，原来一座仅供一家人使用的四合院，现今有17户居民在其中生活。当生活空间严重不足之时，街区居民挤占公共空间，自行搭建房屋满足生存需求。如此一来，街区建筑密度升高，街区原生空间肌理结构

被严重破坏。历史文化街区中高密度人口给街区保护更新后的居民回迁工作带来了直接困难。

2. 产权归属繁杂

因为历史遗留问题，历史文化街区建筑产权归属极其繁杂。街区建筑包含私有房、公租房。私有房产常出现共有产权的现象，特别是公有面积归属分割不明确，直接给街区更新造成困难。甚至一些居民自行搭建的房屋处于无产权状态，且所占比例还不低。而公有房屋又存在政府资产、企业资产等不同类型，一旦对街区进行保护更新，就需要多方都同意后才能推进。例如桂林市东西巷历史文化街区的保护性修缮，仅析产一项工作就耗时1年多。除此之外，历史街区内部不仅仅是单纯的住宅建筑用地，还包括工业用地、商业用地等不同使用属性的土地。街区的更新方面，土地属性变更也需要政府各个部门协调完成。产权归属繁杂是地方政府对历史街区进行“冷藏式”保护的主因之一。

3. 街区功能严重衰退

因为早期政府对城市历史文化街区采取“冷藏式”保护，导致城市历史街区大多存在街区功能衰退的问题。街区中公共基础设施老化、公共空间不足、建筑老化。由于早期城市建设管理问题，造成城市历史街区公共基础设施改造也非常困难，例如街区排污管线埋置、“三线”❶混乱的整改工作。目前历史街区几乎没有完备的地下管线精确分布图，所以在街区中实施埋置工程过程当中极容易对已有管线产生破坏。随着人们生活水平的提升，城市历史街区现有功能体系已经不能满足居民的基础要求，如果对历史街区不及时采取保护更新措施，街区将面临沦为城市棚户区的危险。对历史文化街区实施功能更新是广大街区居民的主要诉求。

4. 建筑修缮实施难度大

城市历史文化街区中存在许多具有历史价值的建筑。某些建筑已经被鉴定为历史文物，由当地文物局出资进行定期修缮。然而大部分历史街区具备极高的历史文化价值，却没有被鉴定为建筑文物，需要居民自行修缮。这部分历史建筑大部分为砖木结构，政府要求建筑原样修复，导致其修缮费用极高（基本上是新建框架结构房屋修缮费用的3倍以上），普通居民几乎无法承担。街区中巷道相对狭窄，施工机械难于进入，也导致了建筑修缮的难度升高。这是导致历史文化街区小规模、渐进式有机更新实施不彻底的原因之一。

---

❶ 街区中的“三线”一般指电力线、通信线、有线电视线。

5. 缺乏相应保护条例与执行规范细则

近年来，地方政府在《中华人民共和国文物保护法》（2017年修正）、《城市紫线管理办法》和《历史文化名城保护规划标准》（GB/T 50357—2018）的基础上，陆续出台了城市级别的历史文化街区保护与更新条例。城市级别条例的颁布，基本上消除了对现存历史文化街区整体拆除后进行商业开发的可能性，确定了街区保护以更新为主的方向。但是，较多城市历史文化街区保护更新实施工作已经在保护条例颁布之前完成，形成了既定事实，街区历史文脉被破坏的事实已经不可挽回。此外，此类条例内容都包含关于历史街区景观、空间等物质方面保护更新管理细则，但是对街区历史与文化等非物质方面的保护更新只有方向性的规定，没有相对的细则。在街区保护更新执行层面，并无专项保护更新的可执行规范。目前，没有具体规范或者相关条文明确提出街区历史风貌建筑的保护更新应当按建筑损坏程度分类，如对可修缮修葺的建筑进行原地原样维修，对已经破损的危房采取原地重建的模式，且不能发生建筑属性的变更（如禁止将原有民居拆除后改建为商业建筑）。在街区保护更新建设执行上，一旦建筑需要复建，那就必须套用相对应的国家设计规范标准。例如，街区民居复建必须符合民用建筑设计规范、住宅设计规范。目前这类规范是按照新建现代住宅区的要求制定的，城市历史街区保护更新实施几乎不可能到达其日照间距、消防间距、消防道路宽度等要求。这需要地方政府协调各级部门出台相应条文，保证历史文化街区保护与更新工作的有效进行。

6. 街区保护更新资金支持不足

目前城市历史文化街区的保护更新并未被纳入文物保护范畴，除被认定的建筑文物外，政府无法提供足够的专项资金对街区进行整体性保护更新，只能对街区实施一定的提升性改善，如修缮小规模街区路面，解决“三线”乱搭及卫生排污等基础性功能问题。目前，城市街区保护更新项目启动实施都有大量社会资本参与其中，导致我国城市历史文化街区保护更新目标单一、同质化严重。如何使城市历史街区保护更新目标多样化，让街区成为城市文化体验中心、城市历史博物馆或者城市文化保护中心，而不仅仅是一个以营利为目的的城市商业街区，这是摆在政府部门以及专家学者面前的难题。

二、我国城市历史文化街区保护与更新共性问题的具体表现

笔者在考察中发现，目前我国城市历史文化街区保护更新实践中共性问题具体表现为目标单一、整体性失衡、有机更新实施不彻底、历史文化原真性丢失、历史街区文化生态破坏严重等。

1．街区保护更新目标单一

笔者在考察中发现，接近80%的城市历史文化街区在经过保护更新后，街区功能属性转化为城市历史性商业街区或者旅游街区（表4-13）。不论街区原生功能及形态如何，对街区商业化更新几乎成了唯一的选择，如此单一的保护更新目标，让城市历史文化街区同质化的情况愈发严重。例如成都宽窄巷、苏州山塘街就将原生居住型历史街区转化为为游客提供旅游、购物服务的商业街区；天津第五大道、乌镇东栅则完全转化为游览型观赏街区。历史街区的原生性功能的骤然消失，让历史街区历史存续大打折扣。诚然，街区的发展是由城市发展需求所决定的。每一座历史街区在数百年的时间长河中功能属性也发生过变化，但是这些变化过程是相对缓慢、自发性的，如同生命的自然代谢和进化过程。城市需求是多样性的，商业需求仅是其一，历史文化街区保护更新的目标应该是城市街区历史文化的延续与传承。

表4-13　城市历史文化街区保护更新后街区类型比较表

城市	街区	原街区类型	更新后街区类型
北京	南锣鼓巷	居住街区	旅游商业街区
	大栅栏	传统商业街区	旅游商业街区
上海	田子坊	居住街区	旅游商业街区
天津	第五大道	居住街区	旅游街区
重庆	磁器口	居住街区	旅游商业街区
成都	宽窄巷	居住街区	旅游商业街区
	锦里	居住街区	旅游商业街区
苏州	平江路	居住街区	居住街区
	山塘街	居住街区	旅游商业街区
杭州	河坊街	传统商业街区	旅游商业街区
南京	夫子庙	文化与居住街区	旅游商业街区
长沙	坡子街	文化与居住街区	现代商业街区
福州	三坊七巷	居住街区	旅游街区
厦门	鼓浪屿	居住街区	旅游街区
青岛	中山路	公共服务街区	旅游街区

续表

城市	街区	原街区类型	更新后街区类型
济南	百花洲	居住街区	居住与商业街区
广州	永庆坊	居住街区	文化与商业街区
汕头	小公园	商住结合街区	商业街区
南宁	中山路	商住结合街区	商业街区
桂林	东西巷	商住结合街区	商业街区
北海	珠海路	商住结合街区	商业街区

2. 街区保护更新整体性失衡

我国城市历史文化街区的保护更新经历了早期粗犷式改造阶段、中期多种模式的保护更新阶段，目前发展到街区物质与非物质整体性保护更新阶段。40余年间，许多历史文化街区已经消亡在推土机的轰鸣声中，保存至今的历史街区都是城市不可再生的历史文化资源。政府方面虽然已经意识到街区历史文化保护的重要性，但是到了街区保护更新执行层面，总是呈现出物质性文化保护更新实施到位，而非物质文化与历史保护与继承则不尽如人意的结果。历史街区中的景观与文化是一个不可分割的有机整体，然而近10年间完成保护更新的历史街区都呈现出街区建筑、景观等方面保护较好，而历史文化内涵方面保护不足的街区保护更新整体性失衡现象。

3. 街区有机更新实施不彻底

吴良镛先生提出的历史街区有机更新模式已经成为业界的共识，当前城市历史街区的大规模拆建改造现象基本被杜绝。理论层面上，小规模、渐近性的有机更新需要以街区保护状况较好、居民自发性保护更新为基础。实施层面上，对于现存历史街区来说，不论是街区客观现状、施工执行条件，还是居民保护更新执行能力都很难支撑有机更新的全面践行。目前，大多数历史街区保护更新实施都以分区分批逐步更新为手段，某种程度上可以被视为有机更新理论在街区保护更新中的部分践行。

4. 街区历史文化原真性丢失

城市历史文化街区中的历史文化原真性是街区存在价值的基础。历史文化街区中的文物（包括文物建筑）在法律的保护下，基本上得到了妥善的保护。其他非文物类的街区建筑、景观等在经济利益驱动下被大规模商业化改造，原生的民居、会馆等建筑更新后被作为商铺使用。街区中的商业文化被最大限度地突出，其他民俗、戏剧等地方文化生存空间被严重挤压，街区文化变得更加扁平单薄，街区中的历史文化原真性遭到了破坏并丢失。

5. 街区文化生态破坏严重

历史文化街区原生居民是街区历史文化的创造者。居民在街区空间中的生活、工作、社交等日常活动是街区历史文化诞生的土壤。居民、街区、文化三者相互影响、互相作用，共同构建出城市历史街区的文化生态系统。基于街区人口承载力不足、便于后期管理等原因，不少历史文化街区保护更新实践采取拆迁、产权置换等方式将街区原生居民整体迁出，导致街区文化生态系统被破坏。

我国城市历史文化街区保护更新基础较差、保护更新支持力度不足等问题是城市历史街区保护更新实施必将面对与解决的难题。这些难题既是历史文化街区保护更新执行滞后的诱因，也是历史文化街区保护更新实施后效果大打折扣的根本原因。相对而言，城市历史文化街区保护更新中街区功能严重衰退、建筑修缮实施难度大等技术层面的问题已经能够得以妥善解决，而产权繁杂、资金缺口等问题并未得到妥善处理，进而导致街区保护更新实施不彻底、历史文化传承不到位等现象的出现。从历史文化街区整体性保护更新实施效果上看，目前虽然进入了物质与非物质整体性保护更新阶段，但是总体上街区景观等物质性保护更新情况较好，而历史文化等非物质层面的保护更新效果较差。从历史文化街区整体性保护更新整体效果上看，虽然各个城市的历史街区保护更新采用了多种模式，对街区保护更新路径进行了探索，但是受到城市保护意识滞后等因素的制约，街区保护更新出现目标单一化、保护效果同质化的特征。城市历史街区保护更新依然没有跳出商业化改造的怪圈。

第五章

桂林东西巷的复兴

近年来，我国掀起了城市历史文化街区保护更新的热潮。桂林市属于我国三线城市，与一线城市相比，其在历史文化街区保护更新上资金、资源等方面不够充裕，但有历史悠久、文化底蕴丰厚的优势。桂林市正阳路东西巷是城市最后一处保存至今的历史文化街区，街区的保护更新如多数城市的历史文化街区一样，面临街区基础条件差、保护资金不足等共性问题。因此，该街区的保护更新具备一定的典型性与可研究性。笔者于2012—2020年，对该街区的保护更新进行了长达8年多的追踪性研究。

第一节

桂林城市概况

一、桂林城市印象

桂林市历史悠久、人杰地灵，自古便享有“桂林山水甲天下”的美誉。据史料记载，桂林在汉元鼎六年（公元前111年）建城，距今已有2130多年的历史。桂林市以独特的喀斯特地貌和秀丽的山水风光享誉中外。因其丰厚的历史文化、优美的自然风景，桂林于1982年就已获得“国家历史文化名城”的殊荣。

桂林市位于广西壮族自治区东北部，城市北部与湖南省交界，城中青山绿水星罗棋布，宛如人间仙境。截至2022年末，桂林市总面积为27809km^2。桂林市全市常住人口495.63万人，其中城镇人口268.14万人，占常住人口比重（常住人口城镇化率）的54.10%。桂林市区人口分布主要以汉族为主，壮、瑶、回、苗、侗等多民族杂居。自古以来，桂林作为湘桂走廊上的主要城市，深受中原文化的影响。千百年来，桂林多民族共同生活在一起，促使各族文化相互交织与融合，形成了层次丰富、独具特色的桂林地域文化。桂林深厚的历史与清秀的山水吸引着众多国内外游客前来参观。数据统计显示，2022年全年接待国内游客10693.14万人次。作为世界级旅游城市，桂林早已成为我国最“美丽”的文化名片之一。

二、桂林城市历史沿革

桂林自建城以来，因地理条件所限，城区位置少有变动。城市历经千年的生息演变，积淀了丰富的历史与文化。

秦朝时期，秦始皇置桂林、象、南海三郡，当时的桂林郡覆盖现在广西大部分地区，今天桂林城位于桂林郡的北部边境。汉元鼎六年（公元前111年），汉武帝在平定南越之后，于桂林郡北部设置始安县，东汉改名始安侯国，并建立城池。南朝梁天监六年（507年），设置桂州。梁大同六年（540年）将桂州迁至始安郡治，形成现今的桂林古城。

唐武德四年（621年），为加强桂州城的城防，以漓江西岸独秀峰的东边为中心修建城垣，唐朝武德五年（622年）于独秀峰南侧修筑衙城，唐大中年间（847—860年）增筑了外城，唐光启二年（886年）修建了夹城，此时城市格局初步形成。由于桂州城不断扩建，独秀峰被划入城内，成为唐朝时期的桂州城主山，而伏波山、象鼻山等成为城内外风景胜地，桂州也因独特的山水开始闻名天下。现今以靖江王城为中心的桂林城市的整体格局在唐桂州城的基础上逐渐修建而成。

北宋至道三年（997年）桂林仍称作桂州，城市大体上保持了唐时期的建设规模。桂州作为广南西路（广西即广南西路之简称）最高级行政机构的驻地成为广西首府。南宋绍兴三年（1133年）桂州改名为静江府，并进行了历时14年的城市扩建，城市规模扩大了近1倍。此时的桂林作为岭南地区的政治、军事和文化中心，享有“西南会府”的美誉。城市扩建后，静江府城的西侧形成了“十字街”（现今桂林城市中心点）的雏形。南宋静江府采用因地制宜原则对城市进行扩建，打破了之前以内城为中心的城市格局，初步建成桂林城依山傍水的空间形态。

元朝至元十五年（1278年），改静江府为静江路，所辖县与宋静江府相同，静江路设治所于临桂县（现今的桂林市）。至正二十三年（1363年），元顺帝将广南西路提升为行中书省，简称广西省，下设路、府、州、县行政机构，静江府被设立为广西省的首府。根据明朝陈琏《桂林郡志》所附的王府图记载，静江府城墙的位置及城市布局仍保留宋代时期的样貌。[1]

明朝时期，明太祖封朱守谦为第一任靖江王，并设立了严密的统治机构。明洪武二年（1369年）设立广西行省，作为独立的省一级地方行政机构，下设府、州、县各级政府。洪武五年（1372年）静江府改称桂林府。同时，明王朝为加固城防，对桂林城进行了大力修缮和扩建，其中行政、监察、军事等机构散布于城内，靖江王府为桂林城的中心，城外设拦马墙。明朝时期的桂林城比宋元时期扩大了约1/3，十字街已初步形成商业中心，此后桂林古城格局基本确定。

清朝时期，桂林城市规模已跨过漓江向东发展，清雍正三年（1725年）巡抚李绂修筑城墙。乾隆四—四十八年（1739—1783年）桂林城进行了五次重修。桂林城历经数次修葺

---

[1] 详见明·陈琏《桂林郡志》宣德版，原书仅藏于国家图书馆善本室，桂林图书馆藏有抄本。

都仍保持着明朝的城市格局。[1]经过明清两个朝代的建设，桂林城的布局、建筑、结构已经确定，形成了桂林古城的基本格局。

民国时期，广西省会由桂林迁到南宁，桂林府改称为桂林县，直至1936年抗日战争期间，执政广西的新桂系将省会迁回桂林。1940年，经广西国民政府行政院批准成立桂林市政府，桂林成为广西第一个省辖市。在此期间，以李宗仁、白崇禧、黄绍竑三人为代表在广西大力发展教育，修建公路，改善水利，保障了广西人民的基本生活，使广西成为民国时期两个模范省之一。清末至民国时期，桂林主要城市街道两侧出现了大量中西结合的骑楼建筑。1944—1945年日军攻占桂林期间，桂林城大量建筑被炸毁，桂林水东门（现解放西路）骑楼街不复存在。抗日战争胜利后，桂林城在原有格局的基础上进行重建。

1949年桂林解放，桂林市的辖区时有调整，但市区格局变动较小。因城市发展需要，桂林拆除了大部分古城墙，至今仅存宋代古南门等处城墙，以及明朝的靖江王城。1950年广西省会由桂林再次迁往南宁。同年，桂林城市范围向南扩展，建成黑山、瓦窑工业区，并逐渐开辟七星公园、芦笛岩、叠彩山、伏波山和象鼻山等旅游景点，奠定了桂林工业和旅游业发展的基础。此后，由于历史原因，桂林城的发展相对滞后，直至1998年桂林地市合并，城市开始快速建设和发展。桂林市辖区不断扩张，城市范围也越来越广。截至2022年年底，桂林市辖6个城区、10个县（含自治县），代管1个县级市。

历朝历代，桂林都以自然山水为依托来构建城市空间形态（表5-1）。从唐代开始，独秀峰就成为桂林城市景观的主要空间节点，耸立在城市中轴线上。桂林古城墙围绕独秀峰修建而成，城市整体建设与自然山水相互协调。现存的桂林靖江王城旧址既是城市空间格局的核心，也是城市空间景观的核心。

今天的桂林老城就是在古城空间基础上逐步发展起来的。随着城市经济的发展，市区的范围成倍扩张，但桂林老城区的街道空间格局依然得以保存。城市发展和变迁过程中，既保留了汉族先民的文化精髓，又融合了少数民族文化、西方文化的精华，造就了桂林城市丰富多彩的地方历史与文化。

表5-1 桂林城市的历史变迁表

时间	格局	参考资料
元末明初	以静江府为城池中心，延续了宋代根据地形地貌进行修建的城市脉络，保持了依山傍水的城市形态	《桂林王府图》

[1] 详见清·汪森《粤西文载》卷三、四。

续表

时间	格局	参考资料
1845年（清道光二十五年）	桂林城的城市布局、建筑、结构已经固定，形成了桂林古城全面发展的基本格局	《桂林省城图》
1929年	城市保持了依山傍水的格局，出现了中西结合的骑楼建筑及骑楼样式的街区	《广西桂林街道全图》
1935年	以王城为中心的城市整体格局保持不变，大力兴建公路，改善水利，以保障人民基本生活	《桂林市图》
1949年	城市格局在原来的基础上进行了重建和修复，拆除了大量城墙，仅存宋代古南门等处城墙，以及明代的靖江王城	《桂林市中心图》
1952年	城市的范围向南扩大，开辟了两个工业区和多处旅游景点，奠定了桂林工业、旅游业发展的基础	《桂林市全图》

第二节

桂林东西巷的历史变迁

一、东西巷历史文化街区概况

正阳路东西巷历史文化街区（简称“桂林东西巷”）隶属于以靖江王府为核心的桂林古城保护区，东依漓江，南接解放东路，西邻中山路十字街，总占地面积4.57hm^2。正阳路东西巷（图5-1）位于靖江王府东南部的保护范围和建设控制地带内，是桂林较集中体现桂林传统风貌的街区，也是靖江王府、十字街、漓江滨水带三个文化遗产区的衔接交融区域。正阳路东西巷历史文化街区包含了正阳路东巷、正阳路西巷、江南巷、兰井巷和仁寿巷5个传统街巷，浓缩了桂林古城历史与文化的精华。2012年桂林市政府牵头，对东西巷历史街区进行保护性修缮改造。目前桂林东西巷已经蜕变为以商业销售、文化体验、休闲旅游等功能为主，具有“市井街巷、名人府邸”特色的历史街区（图5-2）。

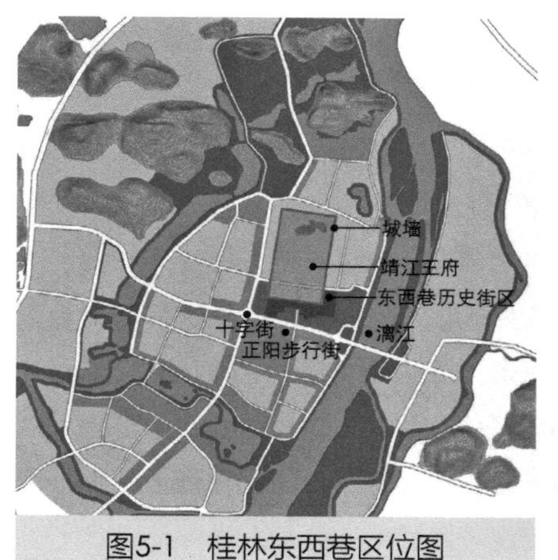

图5-1　桂林东西巷区位图

图5-2　桂林东西巷历史街区现状

二、东西巷历史变迁

东西巷历史街区作为桂林古城核心的传统风貌地段，街区基本保持了明清时期的整体格局，历史文化资源丰富。它是靖江王府文物保护区的重要组成部分，其演变和发展与靖江王府的兴衰息息相关。清初，靖江王府由王宫禁地变为广西贡院。王府内部功能转变，城墙也不再具有守卫藩王府邸的作用。达官贵人陆续在正贡门两侧建造宅院，平民百姓们也随之在王府城墙外沿建宅而居，逐渐发展成了居住型街巷并沿袭至今。

明朝靖江王朱守谦在元顺帝潜邸遗址上建造了靖江王府。据陈琏《桂林郡志》所载，东西巷地段原为明朝靖江王府城墙与外垣之间的社稷坛、宗庙等王府公共建筑所在地（图5-3、图5-4）。明朝桂林北部叠彩山、南部象山和中部靖江王府共同形成了城市的轴

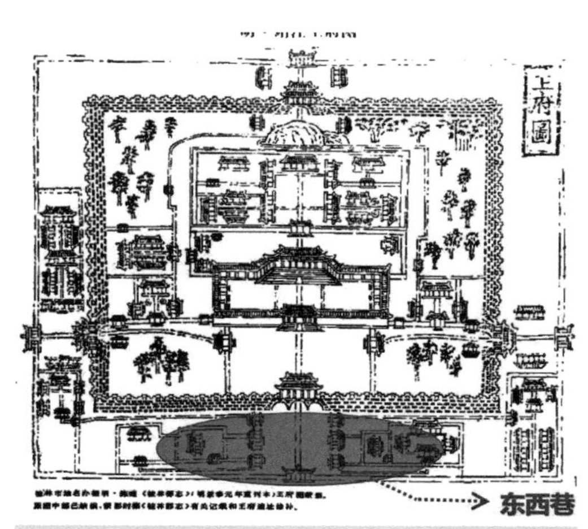

图5-3　靖江王府平面图

图5-4　靖江王府平面复原图

线。东西巷的前身位于王城端礼门（现正阳门）南部，处于城市景观轴线的核心位置。

清光绪六年（1880年）补刊的《临桂县志》有“正贡门街”“东巷”“西巷”（图5-5）的明确记载。关于东西巷具体方位的记载最早出现于《广西通志辑要》（光绪版）省城图，此图在正贡门南侧标有东巷、西巷所处位置。根据2013年8月30日东巷街区文物勘探出土的仁寿宫香炉推测，清乾隆二十七年（1762年）之前东西巷区域范围已有人居住，东西巷历史街区初步形成[25]。清宣统元年（1909年）广西谘议局在王城内广西贡院的旧址上举行开局典礼，欧式建筑出现在原王府内，体现出清末洋务运动“西学为体，中学为用”思想对城市建设的影响。此时东西巷初具规模，仍以居住功能为主，民居建筑中出现了西方装饰元素。随着清朝对外通商贸易的兴起，东西巷临街部分逐步开始出现商业店铺。清代，东西巷仍然处于叠彩山—靖江王府—象山城市景观轴线的中心位置。

民国初年，靖江王城内的广西谘议局大楼改为广西省参议会大厦。1922年，孙中山以桂林为北伐大本营，设总统行辕于此处，并将王城建筑群改造为中山公园供市民休闲游玩。1945年11月，国立桂林师范学院（现今广西师范大学）向广西省政府申请迁至靖江王城内办学并获准，至今靖江王府依然为广西师范大学的校区之一。据桂林地方志记载，此时期“正贡门”改称为“正阳门”，正阳路由此得名沿用至今。东西巷在地理位置上西面邻接商业中心十字街，东面邻盐街❶（紧靠现今滨江路），南面邻水东门街（现今解放东路），是当时桂林城的核心商业地段（图5-6）。民国时期，桂林通过珠江与广州相连，因此航运贸易发达。东西巷紧靠漓江航运码头，大量商人涌入街区进行贸易，街区成为当时航运贸易的集散地（图5-7）。外地商人在东西巷中建立了同乡会馆，如江西会馆、广东会馆等。同时，东西巷的建筑受到西方文化影响，临街部分骑楼林立。此时的东西巷店铺繁多、商业繁盛，发达的贸易促使东西巷建设达到了高峰，街区从单一的居住功能转变

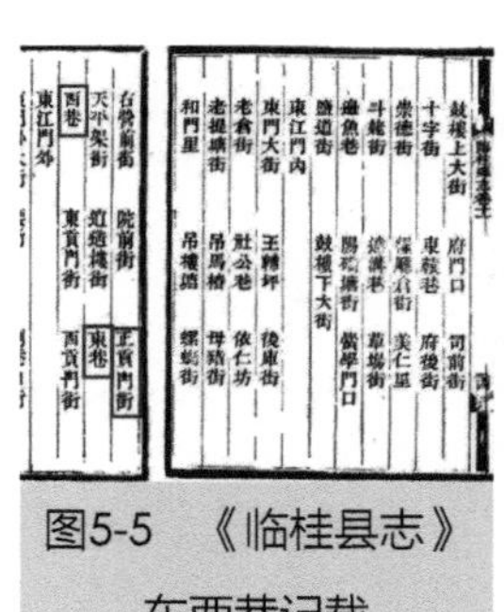
鼓樓上大街 府門口 司前街
十字街 東轅巷 府後街
崇德街 美仁里
斗雞街 草場街
鹽道街 鼓樓下大街
東江門內
東門大街 後庫街
老倉街 社公巷 依仁坊
老提塘街 吊馬樁 母豬街
和門里 吊樓橋 螺螄街
右營前街 院前街 正貢門街
天平架街 東巷
西巷 東貢門街 西貢門街
東江門外

图5-5 《临桂县志》东西巷记载

图5-6 水东门街景（图片来源：桂林市档案馆）

图5-7 漓江航运码头（图片来源：桂林市档案馆）

❶ 位于靖江王府东面的城墙外，是一条呈南北走向的老街。街道北至伏波门，南抵水东门，通过江南巷与东巷相连。街道曾因盐铺聚集而得名，现已拆除。

为商住功能结合的状态。此时，东西巷街区依然保持了清时期的街巷格局，但街区功能属性有所转变。民国时期，桂林出现了十字街与叠彩山—象山两条城市景观轴线，东西巷街区基本处于两条景观轴线中心交融区域（表5-2）。

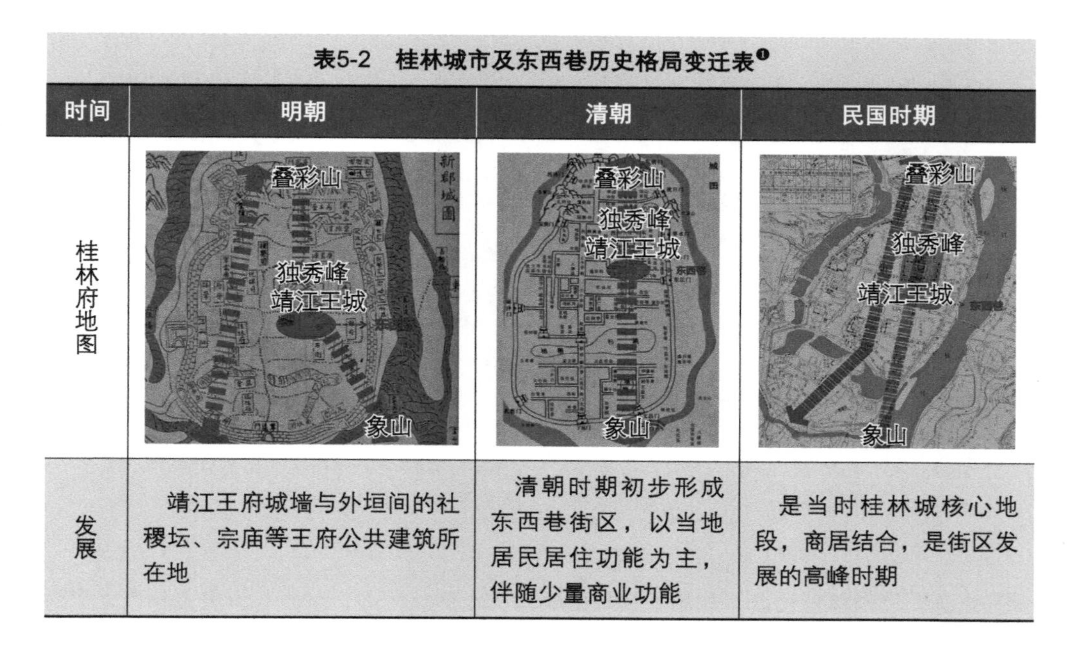

表5-2　桂林城市及东西巷历史格局变迁表[1]

时间	明朝	清朝	民国时期
桂林府地图	叠彩山 独秀峰 靖江王城 象山	叠彩山 独秀峰 靖江王城 东西巷 象山	叠彩山 独秀峰 靖江王城 东西巷 象山
发展	靖江王府城墙与外垣间的社稷坛、宗庙等王府公共建筑所在地	清朝时期初步形成东西巷街区，以当地居民居住功能为主，伴随少量商业功能	是当时桂林城核心地段，商居结合，是街区发展的高峰时期

抗战期间，桂林作为西南大后方，诸多文化名流迁居桂林，文化活动空前活跃，被誉为“抗战文化城”。1938—1944年6年间，桂林共有书店、出版社179家，印刷厂109家，杂志近200种，报纸11种，出版文艺书籍1000多种、丛书50余套。东西巷地段也分布有书店、戏台等文化设施。由于毗邻王城旧址，诸多名人在东西巷中居住，街区至今仍留存少量名人故居，如谢家大院、魏继昌旧居、马启邦公馆等。1944年，日军轰炸桂林城，东西巷、靖江王府、盐街、十字街、水东门街在战火的蹂躏下变得满目疮痍，百年街区毁于一旦（图5-8），仅靠近靖江王府城墙的建筑得以幸存。抗战胜利后，东西巷在原有街巷格局的基础上进行修复和重建。

1949年中华人民共和国成立，水东门街易名为解放东路。战乱后东西巷复建缓慢，仅重建了部分与原街区风貌不符的民宅，原私人宅邸被分配给数家居民共同使用，此后数十年间，东西巷的发展基本停滞。20世纪50年代至80年代，由于城市定位的变更，街区内大

[1] 该表在上海同济城市规划设计研究院《桂林市正阳路东西巷历史地段保护规划》基础上整理绘制。

图5-8　水东门街遭日军炸毁（图片来源：桂林市档案馆）

量兴建工厂以及单位宿舍，如第五塑料厂、鸿庆隆糕点厂等，东西巷历史文脉被直接割裂。除此之外，东西巷街区因居住人口激增，街区内部出现大量违章搭建，街区空间肌理被再次破坏，东西巷街区逐渐衰败。1990—2010年间，因东西巷民居破损、街区基础设施破损老化、房屋产权纠纷等问题导致街区功能再次衰退。街区内具有传统风貌的历史建筑，因为没有得到妥善的保护而损毁，如马启邦公馆。这段时期，东西巷虽然处于城市景观的核心位置却没有发挥核心作用，反而成为城市建设之中需要解决的难题。

随着经济和城市的快速发展，东西巷陈旧的街区功能、破败的建筑设施与街区周边区域的发展建设形成鲜明的对比。政府和居民逐渐意识到东西巷历史文化街区保护的重要性。2012年桂林东西巷历史文化街区迎来了重大的机遇，桂林正阳路东西巷保护性修缮整治项目正式启动。东西巷整体性保护与更新项目的实施，让街区基础设施和整体环境得到了有效的整治和改善。街区延续了历史肌理，恢复了传统商居结合的功能模式，实现了街区历史与文化的复兴，奏响了街区发展新的乐章。

在时间的长河里，桂林东西巷历史文化街区经历了从王城外垣旧地到市井街巷，从名人府邸商市到文化抗战之所，从战乱衰落之地到文化复兴之地的历史演变（图5-9）。然而在商业资本的驱动下，东西巷历史文化街区是否还能续接城市历史文脉，创造出城市文化新内涵？这将是街区保护与更新中的巨大挑战。

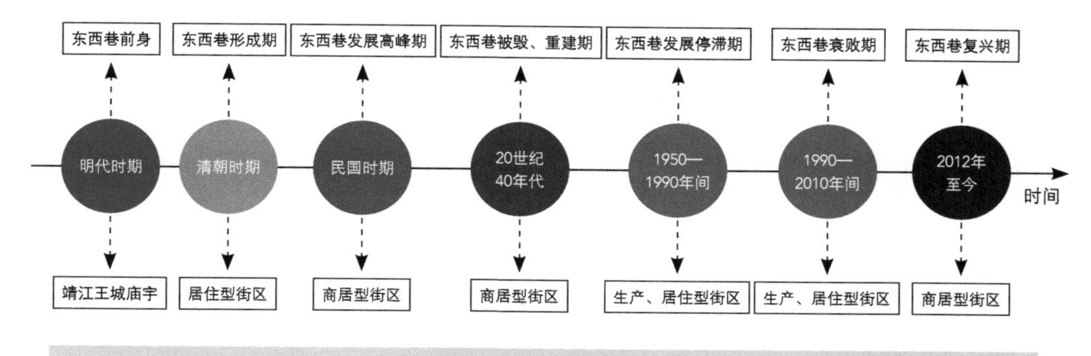

图5-9 东西巷历史变迁时间线

第三节

桂林东西巷景观空间与历史文化底蕴

桂林东西巷历史文化街区早在明代时期作为靖江王城附属社稷坛、宗庙、官署、棂星门等公共建筑所在地，深受皇家历史文化影响。清代时期王城改为省府贡院，东西巷成为以居住功能为主的街巷。由于东西巷地处桂林城核心地段，毗邻皇家区域，不少名门望族、达官显贵在此居住，如魏继昌、龙朝言、龙朝翊、岑春煊、谢和赓等。民国时期，东西巷商业繁盛，商业文化浓郁，成为商居合一的城市街区。随着历史的变迁，东西巷的人与物早已逝去，但给这片街区留下了丰厚的历史与文化底蕴。

一、东西巷历史文化街区的景观与空间

1. 街区景观

桂林东西巷历史文化街区经过百年的变迁，至今依然基本保持着清代时期的街巷脉络肌理。至今街区中的东巷、西巷、江南巷、仁寿巷和兰井巷仍沿靖江王城城墙轮廓生长，呈现出“梳篦”型路网特征。东西巷街区内空间类型丰富，具有广场空间、街巷空间、院落空间等多处空间景观。街巷空间层次结构分明，连续的步行街、巷道系统将各处的公共空间、半私密空间、私密空间有机串联在一起。在街道竖向界面景观上，东西巷建筑立面以青砖墙面为主，保持了历史建筑的特有韵味。在街巷的铺地方面，部分老巷中百年前的石板路依然留存，青石板与斑青砖墙共同构成了独特的老巷景观（表5-3）。

东西巷的植物层次丰富，植物的配比和栽种因地制宜，与周边历史老建筑遥相呼应，形成了老巷特色景观。东西巷历史悠久，自然也有饱经风霜的老树，如马启邦公馆内的罗汉松和东巷内的老榕树。东巷内老榕树顺着建筑的外墙攀附而生长，与建筑融为一体。仁寿巷的入口以丛植的方式栽种鹅掌柴、海桐等植物，植物沿建筑山墙生长。东西巷居民在院落空间种植棕榈，棕榈枝叶顺着院墙延伸至街道，与古朴的老巷形成一幅绝美的画面。

表5-3 桂林东西巷景观展示表

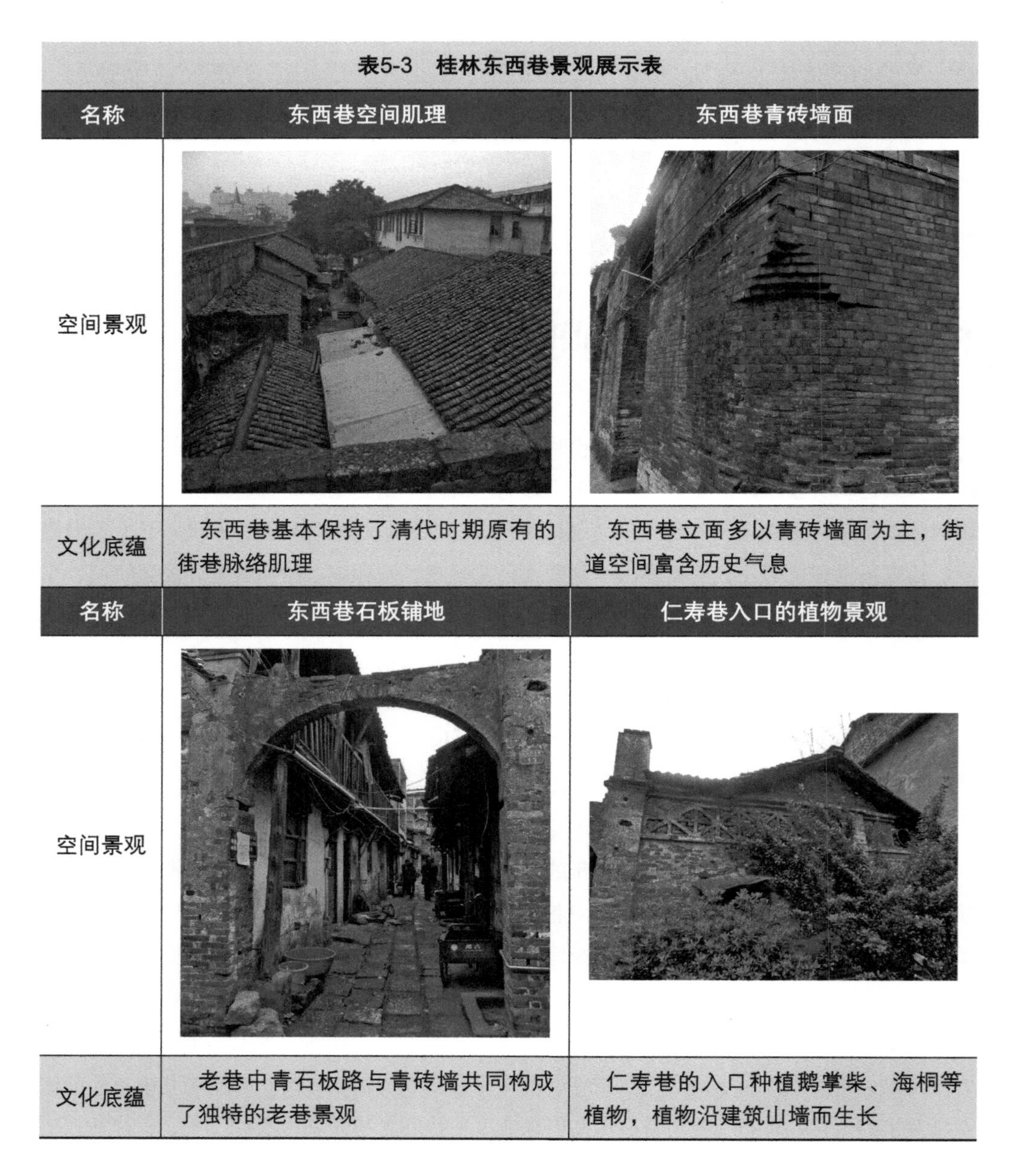

名称	东西巷空间肌理	东西巷青砖墙面
空间景观		
文化底蕴	东西巷基本保持了清代时期原有的街巷脉络肌理	东西巷立面多以青砖墙面为主，街道空间富含历史气息
名称	东西巷石板铺地	仁寿巷入口的植物景观
空间景观		
文化底蕴	老巷中青石板路与青砖墙共同构成了独特的老巷景观	仁寿巷的入口种植鹅掌柴、海桐等植物，植物沿建筑山墙而生长

2. 街区历史建筑与文物

东西巷历史文化街区保留了丰富的历史建筑和文物，既有岑家大院、龙氏故居等桂林汉族民居院落，也有折中主义风格的马启邦公馆，更有靖江王府古城墙、街区古井等历史悠久的建筑与文物。东西巷的历史建筑与文物充分体现出街区的历史与文化底蕴。

岑家大院位于原东巷6号（即现今东巷9号）。据考证，岑家大院为砖木结构的二层楼房，在房屋立柱、梁枋、檐口上雕刻有精美的纹饰，地面铺设大块青石板，显示出岑家的显赫地位。据居民回忆，原岑家大院五开三进，是东巷占地最大的院落之一。令人惋惜的是，新中国成立后岑家大院被居民分隔，偌大的岑家大院只剩下不到1/10的后院。龙氏老宅六开三进的院落大部分被改建为桂林博爱医院宿舍，仅余下部分老宅供人居住使用。马启邦公馆，位于原东巷9号（即现今东巷7号），是民国时期建造的具有西方建筑特色的别墅。该建筑大门处饰有典型英殖民地建筑特色的罗马柱，在前院内种植罗汉松，令人遗憾的是建筑因保护不善而坍塌（且该建筑于2009年按秀峰区安委办文件要求已拆毁）（表5-4）。

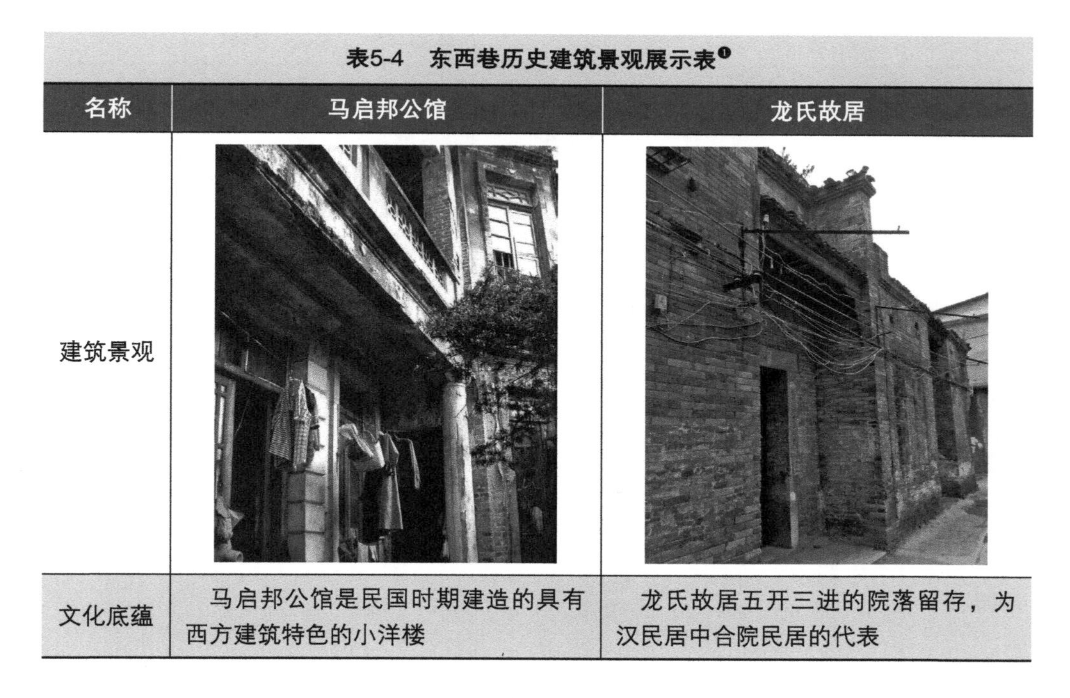

表5-4 东西巷历史建筑景观展示表[1]

名称	马启邦公馆	龙氏故居
建筑景观		
文化底蕴	马启邦公馆是民国时期建造的具有西方建筑特色的小洋楼	龙氏故居五开三进的院落留存，为汉民居中合院民居的代表

东西巷历史建筑的形制多为汉民居合院。民居院落以天井分割，天井上空被建筑坡顶围合，取“四水归明堂”之意；建筑山墙采用形式自由的马头墙的形式。东巷20号是整个

[1] 部分图片源于《桂林城最后的老巷：2013影像档案》95、96页，毛建军拍摄。

街区中保存最为完好的历史建筑院落。该院落中建筑装饰极其精美，院落屏风石雕门枢曲线优美、造型朴拙；建筑窗棂采用云纹、海棠纹、亚字纹装饰，做工细腻且形式多样；建筑二层凭栏独具匠心，栏杆被雕刻成罗汉竹的样式，取节节高升的寓意；建筑雀替采用镂空雕工艺，花鸟鱼虫形象灵动（表5-5）。

表5-5 东西巷历史建筑装饰展示表[1]

名称	民居天井	民居马头墙
建筑装饰		
文化底蕴	建筑天井取“四水归明堂”之意	马头墙形式自由、多样
名称	建筑门枢	建筑窗棂
建筑装饰		
文化底蕴	门枢曲线优美、造型朴拙	建筑窗棂形式多样、做工细腻
名称	建筑凭栏	建筑雀替
建筑装饰		
文化底蕴	建筑凭栏形式寓意吉祥	雀替采用镂空雕，花鸟鱼虫形象灵动

[1] 图片源于《桂林城最后的老巷：2013影像档案》66～75页，邓云波拍摄。

东西巷的靖江王府城墙是经过历朝历代多次扩建和修缮而形成的，距今已有600多年的历史，是全国保存最完整的明朝藩王府宫城城墙。城墙南北长556.5m，东西宽335.5m，平均高5.1m，用方整料石砌筑。清朝靖江王城变更为贡院，嘉庆二十五年（1820年）时任两广总督的阮元为纪念和表彰桂林人士陈继昌在乡试、会试和殿试中连中三元，在王城三门上刻有三元及第、状元及第、榜眼及第，以此鼓励桂林士子刻苦奋斗，争强好学（表5-6）。据资料记载，东西巷中有数个古井供居民取水之用。2012年，笔者对东西巷街区实地考察，仅在街区仁寿巷中发现一个古井遗存。

东西巷历史文化街区中街巷纵横交错，历史文物、建筑各具特色，无一不体现出古城老巷静谧的历史文化气息。战火中幸存下来东西巷建筑风格各异，如实地反映出城市发展的时代印记，但也让人感受到街区保护与更新的不足和无奈。

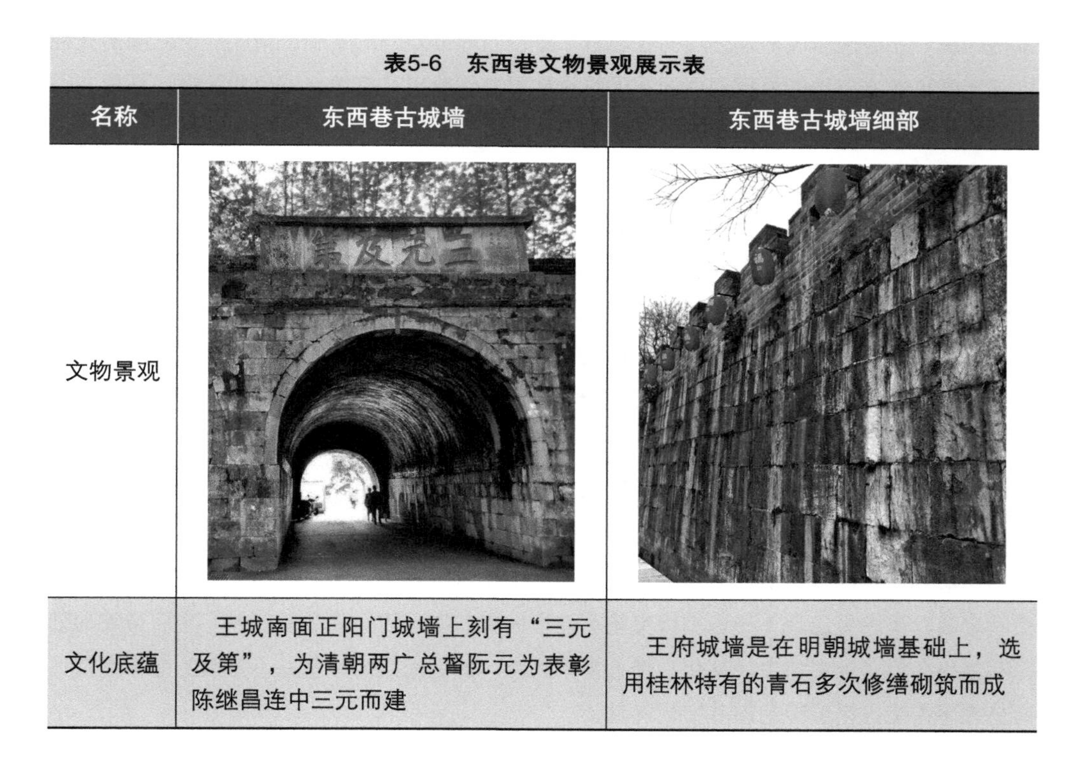

表5-6　东西巷文物景观展示表

名称	东西巷古城墙	东西巷古城墙细部
文物景观		
文化底蕴	王城南面正阳门城墙上刻有“三元及第”，为清朝两广总督阮元为表彰陈继昌连中三元而建	王府城墙是在明朝城墙基础上，选用桂林特有的青石多次修缮砌筑而成

二、东西巷历史文化街区的历史与文化

几百年来，桂林人民在东西巷历史文化街区中创造了丰富多彩的地方文化，包括市井文化、民间民俗节庆文化和民间艺术文化、宗教文化，这些文化形式体现了居民的智慧和地方文化内涵。

1. 街区中的文化生态

2012年的桂林东西巷历史文化街区是一个以居住功能为主的街区。街区环境虽然欠佳，但是街区中文化生态系统依然完整。街区中居民活动活跃、互动良好，保持着桂林城市最原汁原味的文化。东西巷街区文化生态系统由街区居民（生态核）、街区空间（生态基）、街区文化（生态库）组成，再以居民活动（生态链）将其串联构成一个互动的生态系统。东西巷历史文化街区生态系统的生态核、生态基、生态库都是相对独立的生态单元，而生态系统中的生态链，即街区居民活动，是联系整个生态系统中重要的一环。东西巷街区居民在街区空间中进行的各种活动才是街区地方文化产生的起点。东西巷街区居民在这块土地上繁衍生息，给街区生态系统不停地注入活力，使系统保持着正常运转，才让东西巷一直保持着历史文化气息。简而言之，居住在街区里的居民才是构成街区文化生态系统的核心。街区居民相互之间的自娱自乐是创造地方戏剧的基础；街区居民之间的交往模式形成了地方习俗的模板；街区居民的饮食习惯创造出具有地方特色的美食。东西巷历史文化街区作为桂林城市的缩影，街区中的文化生态才是桂林古城历史文化产生的源泉。

2. 街区中的市井文化

东西巷历史文化街区中最具魅力的就是街区空间中蕴含的市井文化。街区居民在街巷中生活、交流、活动，形成大家庭式的街区社会结构。街巷中有满足居民生活需求的小商贩、修车坊、理发店、餐饮老字号，构成街区市井文化的商业部分；街区居民在巷道公共空间互相攀谈，构成市井文化的社交部分；街区居民在巷道中买菜做饭，构成市井文化的生活部分；小朋友们在巷道中嬉笑打闹，构成市井文化的活力部分（表5-7）。笔者记忆中的东西巷充满了市井生活气息，卖糖人的小贩用小锤敲打铁片发出叮当的声响，并边走边喊“丁丁糖”，清脆的敲打声伴随着极有韵味的吆喝声，一下子就招来小孩换糖吃。这样的生活画面在2012年之前的东西巷历史街区中还时常存在。东西巷历史文化街区保护与更新之前，街区里出现了一些用历史建筑改造而成的咖啡店，如东巷20号。小店虽然地处深巷之中，但是众多学生、文化工作者常来光顾。他们来到街区里并不是因为咖啡可口，而是来感受街区里温暖的市井文化气息。

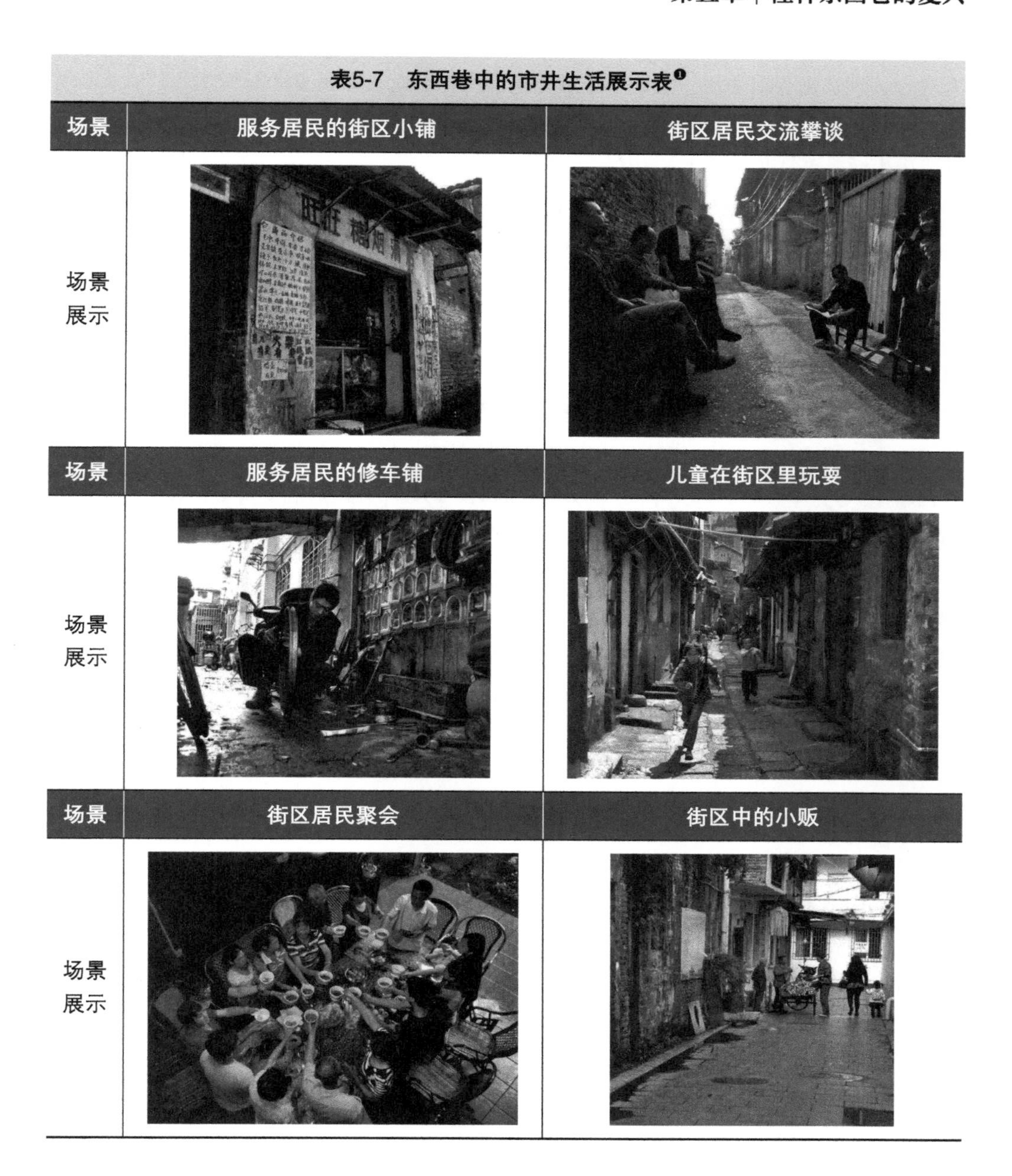

表5-7 东西巷中的市井生活展示表[1]

场景	服务居民的街区小铺	街区居民交流攀谈
场景展示		
场景	服务居民的修车铺	儿童在街区里玩耍
场景展示		
场景	街区居民聚会	街区中的小贩
场景展示		

3. 街区中的地方文化

东西巷被日本侵略者炸毁前，街区内有广东会馆、江南会馆两座同乡会馆。会馆中建

[1] 图片源于《桂林城最后的老巷：2013影像档案》185～195页，邓云波拍摄。

有戏台，供戏剧表演之用。会馆不定期地邀请桂林当地戏班表演桂剧[1]、彩调[2]、文场等地方曲艺，深受当地居民欢迎。这种民间艺术文化的交流与传播，不仅丰富了东西巷居民的娱乐生活，更是弘扬了地方的传统艺术文化。

东西巷居民仍然沿袭着桂林传统习俗，如清明吃粉蒸肉，新年闹花灯，元宵节猜灯谜等。桂林除夕风俗花样繁多，除夕这天要请人代写吉祥如意、恭喜发财等春联，挂喜神（祖先像），煮年夜饭，开油锅，烧年冻。

4. 街区中的宗教文化

东西巷历史文化街区至今还保存着一座天主教堂和一座清真寺。天主教于1901年传入桂林，由法国籍神父主持，同年在正阳路西巷建教堂。抗战期间教堂被日机炸毁，1946年在西华里9号另建教堂，1996年6月教堂因故倒塌。1998年在政府的支持下，教会在正阳路西巷重建教堂接待教众。

桂林回民众多，城中有数座清真寺，西巷中的清真寺就是其中之一。该寺名为东北寺，坐落在正阳路西巷，原为“东利全”商号东家马荣熙私产，清光绪三十三年（1907年）捐作清真寺，其占地面积约1.5亩。1944年被日军焚毁，1947年由马荣熙孙女马佩璋（白崇禧将军夫人）捐银圆1000元重建。新中国建立后，政府曾多次拨款维修。现为桂林城中心及城北穆斯林宗教活动中心。

5. 街区中的历史名人

桂林地灵人杰，东西巷更是藏龙卧虎、人才辈出。桂林坊间流传，东巷有魏、谢、岑、龙四大书香门第。东西巷面积虽然不大，街区中走出了魏继昌、谢和赓、岑春煊、龙氏兄弟等数位知名人物。因此，东西巷名声大噪，吸引了更多人家迁居至此。

1838年，龙寅绶辞官后带着家眷一同搬迁到东巷，龙家便与东巷结下了不解之缘。在良好的家庭教育下，龙氏两兄弟先后入光绪年间翰林院为庶吉士，“兄弟翰林”自此扬名天下。现龙氏故居仍为龙家外戚所有。

魏继昌为我国知名民主人士，他生长在江南巷。民国元年（1912年），26岁的魏继昌在桂林被任命为广西高等审判厅厅长，同时兼任叠彩山下的广西法政学校教员。在讨袁护国运动中，他加入了同盟会，任桂林支部的支部长。1928年军阀混战，魏继昌回桂林，应邀到桂林中学任国文教员，直至桂林解放。1958—1974年，他担任桂林市副市长，新中国

---

❶ 桂剧是由湘南的民间艺人传到桂林，经广西艺人的消化和吸收形成的地方剧种。

❷ 桂林彩调俗称调子，源于广西北部农村的歌舞、说唱。

成立初期在江南巷居住。

岑春煊曾居住在正阳路东巷9号岑家大院。此人与袁世凯齐名，号称“北袁南岑”，曾任两广总督。1900年，八国联军进犯京津地区，岑春煊率兵护驾有功，官至总督、尚书。民国时期，岑春煊先后任福建巡按使、粤汉铁路督办。袁称帝上演复辟闹剧后，岑春煊还被南方推为讨袁军都司令，与孙中山并肩作战，同为广州军政府总裁。岑春煊除了为官，还是近代教育奠基人，先后在山西创办了山西大学堂（现山西大学）等十多所西式学堂，为山西、广东、广西的近代教育奠定了基础。

谢和赓是受周恩来指派潜伏在白崇禧身边的中共地下党员。从祖父辈开始，谢家就一直生活在兰井巷。1942年，谢和赓被国民政府派往美国留学，其间为中共从事情报和统一战线工作，并为桂林的解放做出了自身最大的牺牲和贡献。

街区中的众多名人在我国近代历史上留下了足迹，让东西巷历史文化街区为世人所知，街区的历史与文化底蕴愈发浓郁。

6. 街区中的商业文化

东西巷历史文化街区在民国时期一直作为桂林市的商业中心。随着漓江航运贸易的发展，漓江水东门码头商船川流不息，街区内贸易活动更是活跃。随着各省商贾迁居东西巷，街区中新建了以省为名的商会，如江西会馆、广东会馆、江南[1]会馆等。民国时期，街区临街店面以金银首饰店、绸缎店为主，如苏杭绸缎店、邹志和金铺等。这些盈利丰厚的店家兴建了大量中西结合、装饰精美的骑楼作为店面使用，让当时的水东门街成为桂林城市一景，令人惋惜的是这些店面于1944年毁于日军之手。东西巷街区内部商业主要以传统饮食商铺和日用品小作坊为主，经过百年的发展和传承，形成了当地特色的老字号商铺，如鸿庆隆糕点铺、黄昌典毛笔店、熊同和药号等（表5-8）。庆幸的是，虽有一些老店消失在历史长河中，但是其中一些老字号店面还得以保留。东西巷中或大或小的老字号，给东西巷历史文化街区留下了地方商业文化的烙印。

表5-8　东西巷老字号汇总表

类别	老字号店名
传统餐饮	荣丰号、李七寿原汤米粉店、麻永三粥品店、马顺昌胡辣店、天福酸菜店、轩荣斋、会仙斋、易荣斋等

[1] 清代江南省的范围大致相当于今江沪皖全境以及浙赣部分地区。

续表

类别	老字号店名
传统商铺	鸿庆隆糕店铺、顺泰和百货店、安洋杂货店、万顺昌纸折扇店、黄昌典毛笔店、生花馆毛笔店、邹志和金铺、汉臣银店、苏杭绸缎店、熊同和药号、樟树国药房等
传统作坊	汤姓染坊、黄家利栈豆腐乳作坊、黄家利栈酒坊、张金昌杂货店、唐万隆锡器店、桂林天一栈豆腐乳作坊、桂林三花酒坊等

正阳路东西巷历经百年的发展和演变，蕴藏着丰硕的历史文化内涵。因历史原因和保护意识不足，导致大量建筑景观被毁坏，留存的只有街巷空间肌理，以及少部分历史文物与建筑，实在令人扼腕。东西巷历史文化街区的整体保护与更新中，如何续接街区的历史文脉，如何将街区中丰富的景观、历史、文化内涵一一呈现，这是值得深思的问题。

第四节

东西巷在桂林城市中的地位与价值

1. 东西巷在城市中的地位

正阳路东西巷历史文化街区是桂林市现存唯一的历史文化街区，也是最能集中体现桂林城市传统历史文化风貌的区域。街区处于城市景观格局的核心地带，是靖江王府文物景观带、十字街交通景观带、漓江滨水风光景观带的交融衔接区域（图5-10）。同时，东西巷历史街区也是桂林城市整体空间格局的生长“原点”性区域。

在经济发展层面上，东西巷历史街区位于桂林老城最繁华的地带。街区周围基础设施完善，城市景观节点集中，游客人流量极大，具有良好的经济开发前景与价值。在历史文化保护层面上，东西巷不但能够直观地呈现出桂林城市千百年来的发展历程，而且在街区中发生的历史故事与事件被人们广为传颂。在城市景观体现层面上，东西巷历史街区处于城市景观的核心地带，毗邻城市“两江四湖”景观水系，在城市整体景观格局中起着不可或缺的衔接作用。从城市发展的角度上看，东西巷历史文化街区不论是在经济、历史文化层面，还是在城市景观层面，在城市整体格局中都占据举足轻重、不可替代的核心地位。

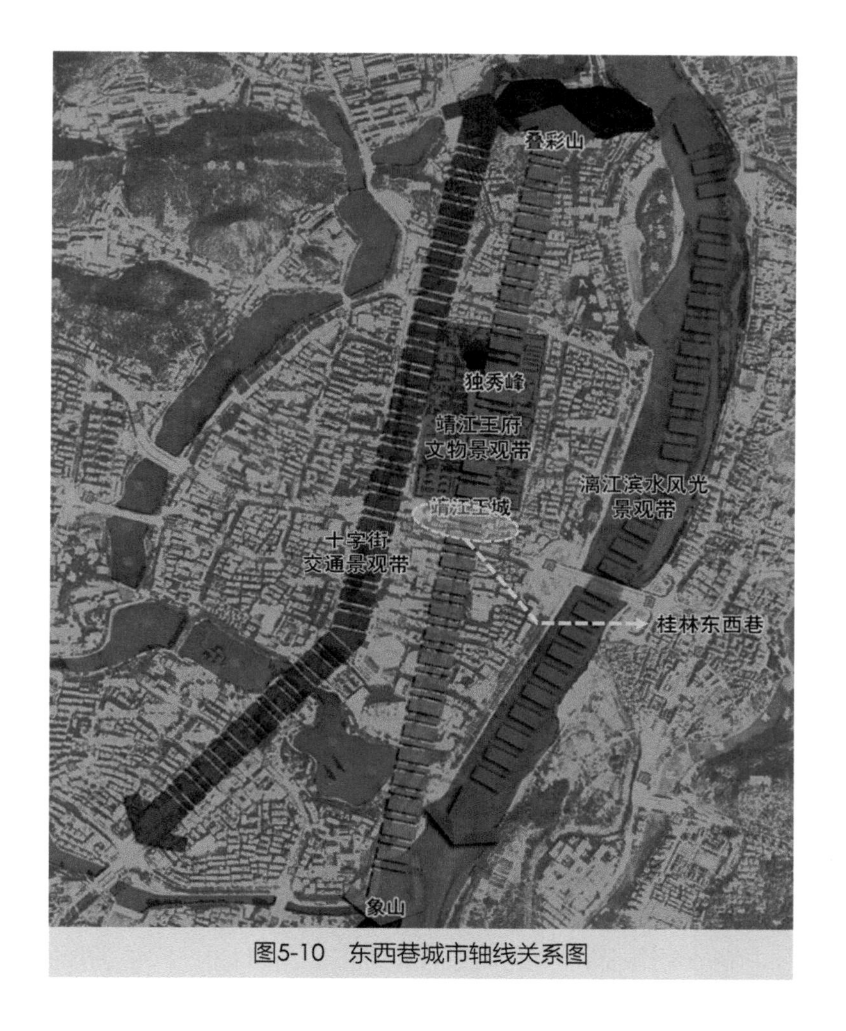

图5-10　东西巷城市轴线关系图

2. 东西巷的景观价值

宋代诗人刘克庄在《簪带亭》中写道“千峰环野立，一水抱城流”，诗句形象地描绘出桂林“山-水-城”融为一体的城市空间景观格局。东西巷是桂林古城城市传统景观的代表。目前桂林城市中两条景观轴线，分别是漓江滨水带景观轴线以及叠彩山-靖江王府-象山景观轴线，东西巷作为两条景观轴线的结合区域在城市整体景观格局中起着举足轻重的作用。游客登独秀峰鸟瞰，位于独秀峰-象山视线通廊上的东西巷历史街区景观尽收眼底，鳞次栉比的城市传统民居、状如梳篦的城市街巷无不呈现出桂林传统城市景观的美好。东西巷中的传统民居建筑景观、历史文化景观、文物景观共同体现出城市历史街区景观的美妙。目前，桂林城市发展在全球化浪潮的影响下，城市建筑、街区多数采用现代主义或后现代主意的手法新建，处处充斥着强调建筑功能属性的钢筋混凝土森林。东西巷历史文化街区作为城市传统风貌景观的最后一处保留之地，对城市整体景观而言，具有不可估量的重要价值。

3. 东西巷的历史价值

东西巷历史文化街区至今仍保留着清末至民国年间的历史建筑，如东巷2号张仕英故居、东巷4号龙氏故居等。历史建筑对研究桂林城市传统民居建筑形制、风貌及城市民居文化有重要作用。东西巷历史街区清楚地记载着城市数百年来的发展变迁史。从古至今，东西巷始终位于城市中心区域，从明朝时期的祭祀用地到清朝时期的居住街区，从民国繁荣的商居性街区到今天重新振兴的街区，街区忠实地述说着城市历史故事。近代，诸多名人曾经在东西巷居住，如梁启超、孙中山，他们甚至在街区中留下了中国变革的历史印记。清末（1910年），同盟会广西支部的秘密机关就设在魏继昌[1]东巷老宅中，旧民主主义革命的火种在街区里悄然燃起。东西巷历史街区就像一座舞台，上演着不落幕的城市历史戏剧。

4. 东西巷的文化价值

东西巷历史街区充斥着桂林城的地方文化气息。清朝时期，靖江王府作为广西省最大的贡院，可供5500名广西学子同时参加科举考试。学习之余，无数学子在东西巷内吟诗作赋，使街区里充满了传统文化遗韵。东西巷作为城市最古老的街区空间，诞生了大量地方民间文化。例如，清朝时期东西巷街区中的全善街（现今江南巷）就是铜作坊一条街，作坊龙头陈茂兴所制的铜锁、箱扣等手工艺品远近闻名，彼时已出口日本。民国时期东西巷商业繁盛，留下的大量知名桂林本土老字号商铺传承至今，奠定了桂林传统商业文化的基础，例如熊同和药号、黄昌典毛笔店。笔者幼时学习书法，所用毛笔皆为黄昌典笔店所制。如今黄昌典毛笔制作手工艺已经被列为桂林非物质文化遗产加以保护和传承。民国末年间，东西巷临街部分布满了绸缎庄、首饰铺、布店等商铺，其建筑皆为下铺上宅、中西合璧的骑楼建筑，为桂林建筑文化的多样性增添了浓重的一笔。街区内合院式民居的保留，让桂林本土民居文化得以传承。桂林东西巷历史街区保护修缮之前，生活在街区内的市民仍然延续着原有生活习俗、习惯，街区内市井文化气息尤为浓郁。街区居民清晨吃一碗桂林米粉过早[2]；街区中的孩童用方言吟唱着城市传统童谣；老人们听着桂剧丰富晚年

---

❶ 魏继昌为中国民主人士代表，后任桂林市副市长。
❷ 桂林方言中将吃早餐称为“过早”。

生活；晚间，桂林山水传说伴随孩子入眠，街区中延续着充满生机的市井生活。目前，桂林米粉传统制作工艺、桂林城市传统童谣、桂剧、桂林山水传说故事全都作为桂林市文化遗产得以保护。城市本土文化来源于市井生活，东西巷历史文化街区作为桂林传统文化的诞生之地，其文化价值不可估量。

5. 东西巷的情感价值

桂林人民对东西巷历史文化街区充满情感。当东西巷历史文化街区保护性修缮改造工程启动之前，众多在街区里居住过的市民纷纷过来追寻旧时的记忆，用相机记录着桂林老巷最后的时光。邓云波将桂林东西巷街区影像资料结集，出版了《桂林城最后的老巷：2013影像档案》一书，忠实地记录了东西巷历史文化街区原生空间肌理、建筑风貌，以及街区居民真实的市井生活。于桂林市民而言，东西巷是桂林古城最真实的景象，也是城市文化的根之所在。街区即将旧貌换新颜之际，市民对老街充满了眷念之情。东西巷的旧貌已经成为历史，修缮改造后的东西巷历史文化街区也必将继续承载着桂林市民对老街新生的情感。

第五节

东西巷的困境与机遇

一、东西巷整体性保护更新的困境

坐落在靖江王府城墙脚下的正阳路东西巷历史文化街区，伴随着城市的发展变迁，走过了200多年的风雨历程。数百年来，东西巷历史街区始终处于城市景观轴线与空间格局的核心地位。历史上，东西巷不仅商贸云集，更是达官显贵、商贾巨子、文人骚客的居住之地。1944年，东西巷大部分建筑毁于日军战火，仅靠近靖江王府城墙的部分民居得以幸免。抗战结束后，东西巷在废墟基础上草草重建。基于诸多历史因素，东西巷历史街区一直没得到妥善保护与修缮，东西巷的生存状况可以说是岌岌可危。

通过对东西巷历史文化街区保护更新项目追踪性研究发现，与多数历史街区一样，东西巷历史街区存在基础设施薄弱、人口与建筑密度高、产权复杂、街区功能衰退、历史风貌保护状况欠佳等共性问题（表5-9）。这些问题直接导致东西巷历史街区保护更新实施极为困难，历史街区的保护工作迟迟没有开展。

表5-9 东西巷保护与更新面临的问题总结表❶

问题	街区历史肌理被埋没	街巷积水严重
现象		
成因	街区建设缺乏统一规划	街区排水设施并未接入城市管网
问题	民居使用公共旱厕	“三线”问题严重
现象		
成因	街区居民缺少必要的卫生设施	“三线”搭设缺乏统一管理
问题	违搭乱建损坏城墙	随意搭建烟道
现象		
成因	街区居民生活空间不足	社区管理不到位

❶ 部分照片来源于桂林生活网。

续表

问题	街区内烟囱耸立	历史建筑腐朽
现象	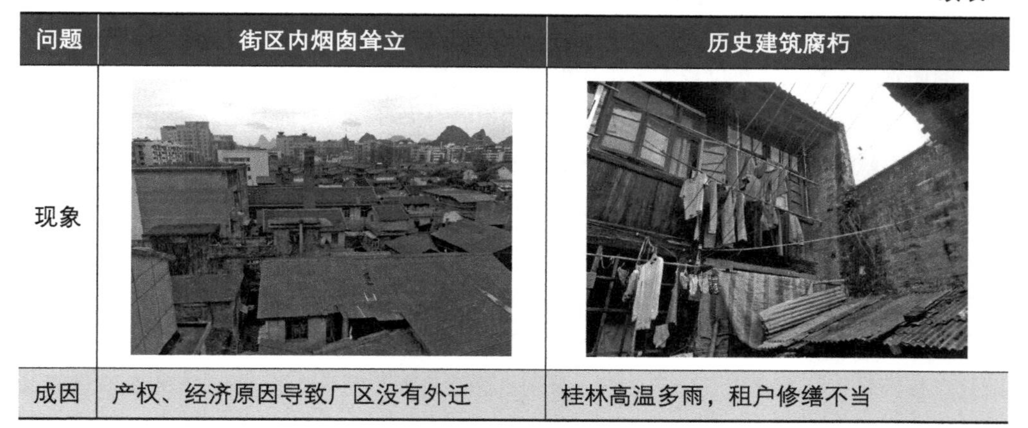	
成因	产权、经济原因导致厂区没有外迁	桂林高温多雨，租户修缮不当

1．街区基础设施薄弱、功能衰退

东西巷历史街区因年久失修，导致街区基础设施薄弱、整体功能衰退等问题出现。2012年前，街区虽然处于城市中心区域，但污水排放并没有完全接入城市污水排放系统；街巷青石地面被破坏后，采用水泥覆盖的处理方式，造成每逢大雨街巷容易积水，居民出行不便的问题。桂林气候多雨，年均降水日数超过160天，因此街区居住环境欠佳。街区中“三线”乱搭问题同样比较严重。由于街区街巷狭窄，地下没有预埋管线，电力、通信等线路只能在空中搭设，埋下了不小的安全隐患。由于街区人口相对较多，相对空旷的位置已经被违章搭建的临时房屋所挤占，街区中严重缺乏公共活动空间、公共服务空间等基础服务场所。更有甚者，街区中的仁寿巷被挤占到不足2m，外人几乎不知道这条街巷还存在。笔者访谈街区居民时，居民王某谈街区基础设施薄弱问题时调侃道，“江南巷里的公厕，可能是桂林市最后一个需要环卫工人每天淘粪的旱厕”。街区基础设施薄弱直接导致街区的宜居程度不高。修建街区基础设施，重塑街区功能需要大规模的资金投入，地方政府在资金不足的情况下只能将街区保护工作搁置。

2．街区人口密度高

笔者在调研中发现，2012年东西巷历史街区居住人口为368户约1000人。街区居住用地面积为2.04hm^2，人口净密度约为490人/hm^2。根据《桂林历史文化名城保护规划（2008年编制）》的指标要求，街区需要疏解过度拥挤的居住人口，降低居住密度。东西巷历史街区地处靖江王府文物保护单位建筑控制带，修缮、修建房屋有高度限定，建筑以三层以下为主。根据街区居民人均居住面积20m^{2}的参考建设指标，结合街区住宅用地面积与建筑密度测算，东西巷历史街区正常容纳人口约650人。多出的350位居民谁迁出，迁居何处，平衡关系如何协调，这些难题如果不能妥善协商解决，将会导致东西巷历史街区保护更新工作的搁置。人口疏散难度较大，正是东西巷街区保护更新工作被长期搁置的主因之一，也是我国其他历史文化街区保护工作推进过程中的一大难题。东西巷历史文化街区保护准备初期，由政府牵头，前后耗时超过18个月才将此问题基本解决。

3. 街区建筑产权复杂

由于历史原因，东西巷历史文化街区内建筑使用分类、建筑产权归属状况极其复杂。街区里有居住建筑、商业建筑、宗教建筑、教育建筑、公共服务建筑，甚至有生产厂房。建筑产权归属有私人产权、公有产权，分别占总建筑面积的40%和60%。其中公有产权又涉及桂林市房地局、桂林市教育局、桂林图书馆、桂林市博爱医院、桂林制药厂、桂林医药批发站等数个单位（表5-10）。公有产权建筑又分别有出租性质的职工宿舍与经营性质的门面。理顺街区中的产权关系就是一个很大的难题。东西巷历史街区保护工作一旦实施，只要有一家一户或一个企业发生产权争议，整个保护工作就会被迫停滞。此外，街区中存在大量居民擅自违章搭建的建筑（约占总面积的11%），强制拆除势必造成一定的社会问题（表5-11）。历史街区保护更新的核心目的在于将街区中的历史与文化传承延续下去。而如果街区中的厂房、烟囱等与街区历史文化不协调的建筑要拆除，功能要外迁，继续生产的土地从何而来？外迁资金从何而来？因此，东西巷历史街区保护工作一直搁置，街区状况日益恶化。实际上，我国其他历史文化街区保护工作也面临相同的问题。

表5-10 东西巷保护更新前住宅产权统计表

位置	户数/个	总面积/m^2	私房数/个	私房面积/m^2	公房数/个	公房面积/m^2
正阳路东巷	175	8482.5	92	4406.35	83	4076.15
江南巷	46	5706.91	29	1211.96	17	4494.95
兰井巷	14	3382.28	14	1009.79	0	2372.49
仁寿巷	14	573.59	2	209.26	12	364.33
正阳路北段	21	3013.62	9	713.61	12	2300.01
解放东路	36	8756.8	30	1663.02	6	7093.78
正阳路西巷	62	3478.53	54	3227.59	8	250.91
合计	368	33394.23	230	12441.58	118	20952.65

表5-11　正阳东巷片区改造范围房屋面积统计表❶

位置	产权登记面积/m²	无证面积/m²	备注
正阳路东巷	9659.07	1183.56	
江南巷	5466.57	1061.97	不含江南巷1号
兰井巷	364.79	275.43	
仁寿巷	832.37	33.96	
正阳路北段	3011.88	497.03	
解放东路	7419.54	290.47	
合计	26754.22	3342.42	

4. 建筑质量不佳

2012年前的东西巷是在一片战后废墟上逐渐重建而成的。街区建筑主要有三种建筑结构，即砖木结构、砖混结构、钢混结构，分别占总数的24.59%、49.04%、26.37%（表5-12）。

表5-12　东西巷保护更新建筑结构统计表

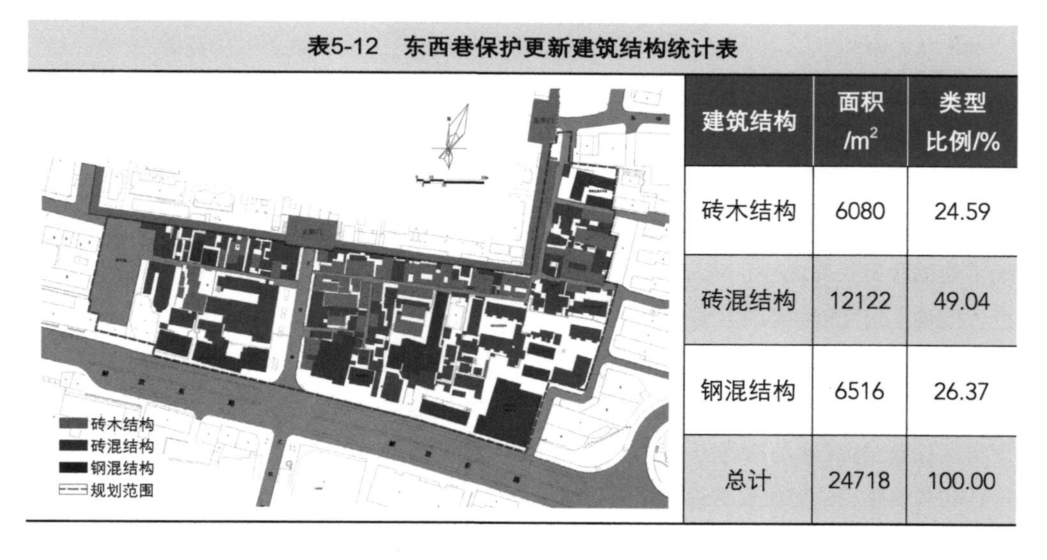

建筑结构	面积/m²	类型比例/%
砖木结构	6080	24.59
砖混结构	12122	49.04
钢混结构	6516	26.37
总计	24718	100.00

除80年代后期新建的现代风格建筑外，砖木结构、砖混结构的房屋建筑质量不佳。桂林高温多雨的气候导致木质结构极易腐朽，因此拥有历史风貌的砖木结构传统民居逐渐变成危房。据不完全统计，街区在保护更新之前，危房面积高达2000多m²。街区一些居民搬出街

❶ 正阳路西巷建筑产权清查数据不详。

区后，将原有房屋出租。租户的维修不善导致街区中拥有历史风貌的砖木民居建筑质量加快恶化。由于街区地处市中心，而且租金便宜，街巷中开起了不少小餐馆。餐馆随意搭建烟道、肆意改建房屋，导致街区建筑朽坏状况更加严重。街区中建筑质量较差的建筑占了建筑总数的62.21%，而且这些建筑多数不含历史建筑风貌，几乎没有保留价值，客观上增加了街区整体性保护更新的难度（表5-13）。

表5-13 东西巷保护更新前建筑质量统计表[1]

一类质量建筑
二类质量建筑
三类质量建筑
规划范围

建筑质量分类	面积/m²	类型比例/%
一类质量	7502	30.35
二类质量	15380	62.21
三类质量	1840	7.44
总计	24722	100.00

5. 历史风貌保护状况不佳

从历史资料与照片中不难看出，2012年的东西巷街区历史肌理被淹没在抗战后建筑初期重建的杂乱民房之中。老字号“鸿庆隆”的厂区一直存在于东西巷街区当中，虽已停产，但是厂内高耸的烟囱彻底破坏了街区的历史风貌。除此之外，街区中的历史建筑保护情况也不容乐观，桂林老字号“熊同和药号”已成为危房，随时可能倒塌；东巷中唯一的欧式建筑，有“小洋楼”之称的马启邦旧宅因年久失修而坍塌，令人惋惜。整个东西巷历史街区仅有5栋砖木结构的历史建筑在时间的洗礼下得以幸存（表5-14）。据统计，街区中1949年前建设的房屋仅占总建筑面积的11.04%；具备历史风貌特征的房屋仅占总建筑面积的4.28%，街区历史元素所剩无几（表5-15、表5-16）。面对如此状况，如果想在街区整体性保护更新中达到续接东西巷历史文脉，恢复街区历史风貌，突出街区文化历史特征的建设目标，街区保护更新工作将会面临巨大的挑战。

---

❶ 我国建筑质量分类：一类质量建筑指建筑质量较好；二类质量建筑指建筑质量较差，需要改造修缮；三类建筑质量指建筑质量差，需要拆除。

表5-14　东西巷历史建筑统计表

名称	建造年代	建筑结构	建筑层数/个	建筑面积/m²	占地面积/m²
东巷2号	清末	砖木结构	2	280	140.7
东巷4号	民国	砖木结构	2	340	170.2
东巷16号	清末	砖木结构	2	336	118.7
东巷20号	清末	砖木结构	2	380	191.5
西巷1号	民国	砖木结构	2	180	90

表5-15　东西巷保护更新前存量建筑年代统计表

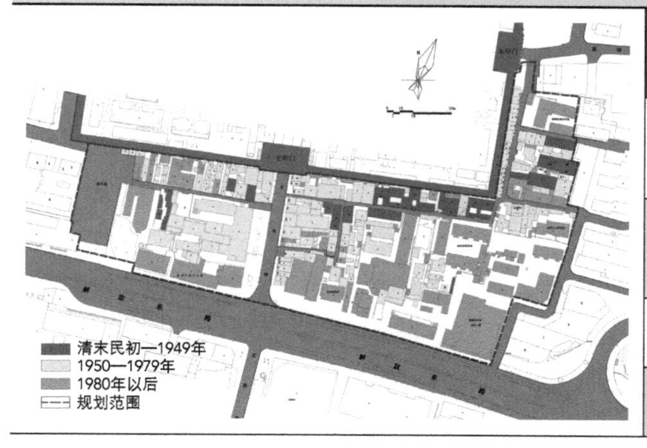

年代	面积/m²	不同年代比例/%
清末民初至1949年	2729	11.04
1950—1979年	10199	41.25
1980年后	11794	47.71
总计	24722	100.00

表5-16　东西巷保护更新前建筑风貌统计表

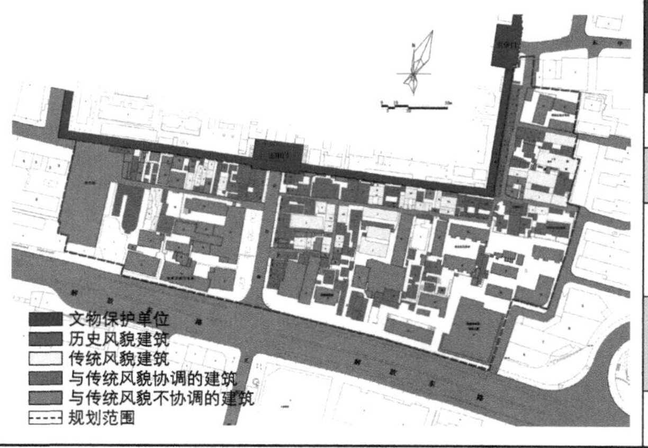

建筑类型	面积/m²	类型比例/%
历史风貌建筑	1058	4.28
传统风貌建筑	3726	15.07
与传统风貌协调的建筑	7678	31.06
与传统风貌不协调的建筑	12260	49.59
合计	24722	100

东西巷面对如此危局，街区的保护更新不应是择机而动，而是迫在眉睫。当街区中仅存的历史建筑因保护不力而倒塌，街区居民因生活不便而离开，街区将彻底失去历史与文化属性，逐渐沦为城市棚户区。如果不及时采取妥善的保护修缮措施，桂林最后一片历史街区将会泯灭在时间长河中，桂林古城的根脉将荡然无存。

二、东西巷整体性保护更新的机遇

2011年桂林市发布了《桂林市城市总体规划（2010—2020年）》。规划中特别指出桂林市中心城区需要保护和控制历史城区；“托桂林山水自然生态景观格局，结合历史人文环境与组团式布局的结构特点，中心城区整体形成多轴、多点的城市景观风貌格局”；“正阳路东巷—靖江王府—八角塘地区和榕湖北路—古南门地区两个历史地段划为历史文化街区”。东西巷历史街区作为桂林古城仅存的历史街区，成为桂林城市规划中重要的一环。

2012年在桂林市政府主导下，以《桂林市城市总体规划（2010—2020年）》发布为契机，东西巷迎来浴火重生的历史机遇。同年，桂林东西巷保护更新工作正式展开，该项目正式定名为“正阳东西巷历史地段保护修缮整治改造项目”。从项目名称可以看出，东西巷的保护与更新将以修缮整治为主要手段进行。2012年由桂林市秀峰区经济建设投资有限责任公司[1]牵头，对东西巷的人口、建筑、文物保护等情况进行摸底与统计。在完成调研的基础上，该公司委托上海同济城市规划设计研究院负责东西巷修缮整治改造项目的历史地段保护规划设计，广西华展艺建筑设计有限公司负责项目的风貌设计。2012年底，该公司着手开展东西巷历史街区房屋征收与补偿工作，为东西巷历史街区保护与更新的实施打基础。东西巷历史街区房屋征收与补偿方案提供给居民就地回迁、异地安置、货币补偿三种选择，293户居民选择了就地回迁的方案。同时，为了获得居民对街区保护更新工作的支持，加快东西巷保护更新项目的推进，该公司对无产权的房屋也提供了一定的货币补偿。2012年12月11日，桂林市发展和改革委员会下发了《关于桂林市正阳东巷历史文化地段修缮整治及旧城改造项目建议书的批复》。东西巷保护更新项目（不含西巷）总建筑面积70500m^2，其中保护修缮面积5780m^2，整治修建面积19220m^2，旧城改造面积11500m^2，地下商业街面积14000m^2，地下车库面积16000m^2，设备用房面积4000m^2。整个项目总投资42500万元人民币，资金来源为业主自筹及银行贷款。

笔者在对东西巷历史街区保护更新项目相关人员的访谈中了解到，该项目之所以在历史街区地下兴建大面积的商业街、停车场作为经营场所，在一定程度上是为了给业主增加

---

[1] 桂林市秀峰区经济建设投资有限责任公司是由桂林市秀峰区财政注资6000万元人民币100%持股注册成立的公司。

经济层面上的收益。由于该项目资金来源于业主自筹及银行贷款，业主为了获取更多的经济效益，将原本用于街区原生居民回迁安置的住宅改建成商铺对外出租，一定程度上带来了街区完成保护更新后居民回迁落实不彻底的问题。

第六节

东西巷整体性保护更新的目标与措施

一、东西巷整体性保护与更新的目标

根据《桂林正阳路东西巷历史地段保护规划》，东西巷历史街区整体性保护更新项目计划分为两期完成：2012—2015年完成正阳路东巷、仁寿巷、兰井巷、江南巷的保护与修缮工作；2015—2020年完成正阳路西巷及与传统建筑风貌不符的现代建筑的保护与改造工作。东西巷历史街区计划打造成为以传统居住、传统商业、文化体验、休闲旅游等主要功能为基础，以“城垣旧地、市井街巷、名人府邸、文化抗战”为特色的多元文化复合型历史街区。街区整体性保护更新将采取整体性保护和原真性保护原则，即东西巷的保护与更新不但包括街区中历史建筑、传统街巷格局、历史文物的保护，也包括街区整体环境的保护与梳理；不但要保护不可移动的建筑遗产，同时更要注重当地非物质文化遗产的保护；不但要保护历史遗产，更要保护和传承当地的传统生活；强调对不同时期典型历史信息的真实记录和传递，揭示其原有的特征；反对一切随意地改变历史遗产的外部和内部特征，或是对其添加主观判断的保护性破坏行为；特别是在修缮的过程中，尽量避免添加新的材料、构件和工艺，最大程度地保留历史信息。

二、东西巷整体性保护更新的范围与实施措施

1. 东西巷整体性保护更新的范围

东西巷整体性的保护更新根据街区内历史遗存的实际情况划定范围为4.57hm^2。街区保护按照实施标准的不同，分为历史核心地段保护范围、历史地段建设控制地带。历史核心地段的保护范围为北以王城城墙和东华门为界，南至东西巷南边线，西至天主教堂，东达江南巷东侧完整合院边线，面积为0.95hm^2。历史地段建设控制地带的保护范围为北起东西巷南边线，南至解放东路，西抵中山路，东达福堂巷，面积为3.62hm^2（表5-17）。

表5-17 东西巷保护更新地段分类统计表

范围	面积/hm^2	不同范围比例/%
历史地段核心保护范围	0.95	20.79
历史地段建设控制地带	3.62	79.21
总计	4.57	100.00

2. 东西巷整体性保护更新的实施措施

东西巷将街区内的存量建筑分为五类，分别为文物保护单位、历史风貌建筑、传统风貌建筑、与传统风貌协调的建筑、与传统风貌不协调的建筑。街区保护更新依据建筑类型分别采取修缮、维修改善、整修改造、拆除、保留（远期拆除、重建）等不同的保护与更新措施（表5-18）。

表5-18 东西巷存量建筑保护实施措施统计表

实施措施	面积/m^2	不同措施比例/%
修缮	1257	1.91
维修改善	3853	5.85
保留	31690	48.12
整修	4679	7.10
拆除	24382	37.02
合计	65861	100

针对街区内文物保护单位和历史建筑将采取修缮的保护措施。具体而言，针对建筑残缺损坏部分进行修补，对建筑整体进行日常的维护保养，拆除建筑院落中的搭建或违章新

建部分，恢复其历史格局。实施原则是“只修不建，修旧如旧”。

针对街区内与传统风貌相协调的建筑将采取维修改善的保护措施。具体而言，对此类建筑进行不改变建筑历史梁架结构、建筑高度和特色内部装饰的修理维护，对已经改变了历史风貌的建筑立面进行复原，建筑内部允许改变。建筑维修改善的重点是恢复其传统建筑与院落的布局，在细部做法上采用桂林的典型做法、样式、材质等。

针对街区内与传统风貌有冲突的建筑将采取整修改造的更新措施。具体而言，对此类建筑中体量不过于突兀，对历史地段的历史风貌影响不大的建筑，通过降低层数、立面整治等措施使其与街区历史风貌相协调。建筑整修改造时，保持其高度、体量、建筑风格、材质等与传统建筑相协调，装饰上能够与历史建筑风貌融合。

针对街区内与历史风貌有冲突的建筑采取拆除的更新措施。对于建筑体量过于突兀，对历史风貌影响极大，无法通过降低层数、立面整治等措施使其与历史风貌相协调时采用拆除重建的方法。

针对街区范围内质量较好，对历史地段风貌影响不大的建筑，或者体量较大、建筑较新，近期拆除有困难的建筑采取保留的更新措施。当有条件时，将此类建筑予以拆除或重建。

街区的整体性保护更新项目划定了文物保护范围与建设控制地带。文物保护范围是以靖江王府城墙墙基为基线，外延16m，在该范围内尊重原有高度。建设控制地带是以保护范围外缘线为基线，外延16m，在该范围内建筑高度不超过16m。

东西巷历史街区保护实施开始于2012年，当时执行的是《历史文化名城保护规划规范》（GB 50357—2005）。该规范内容主要是对街区肌理、建筑、景观的保护有具体要求，但是并未涉及街区功能与街区居民居住环境的保护。因此，东西巷整体性保护更新实施过程中街区功能定位发生很大变化。街区内的居住建筑改建成了商铺，保护更新完成后，东西巷历史街区直接转变成了商业街区。

第七节

东西巷整体性保护与更新

东西巷历史地段保护修缮整治改造项目于2013年8月1日正式开始动工。项目分为三个阶段进行，保护与更新范围包括东巷、西巷、江南巷、兰井巷和仁寿巷。项目原计划将东巷、江南巷、兰井巷、仁寿巷以及相邻区域划定为第一批保护实施区域（即A区），西巷及相邻区域为第二批保护实施区域（即B区），其余部分为第三批保护实施区域。实际上，东西巷整体性保护、更新的实施与原计划有所不同。东巷和江南巷与靖江王府城墙相邻，是项目整体的首期建设规划和重点规划区域，该部分如期完成了街区的保护与更新建设。位于B区的西巷实际上是最后完成保护实施的区域，至2020年3月才基本完成土建项目的建设（表5-19）。

表5-19　东西巷原分段实施时间表

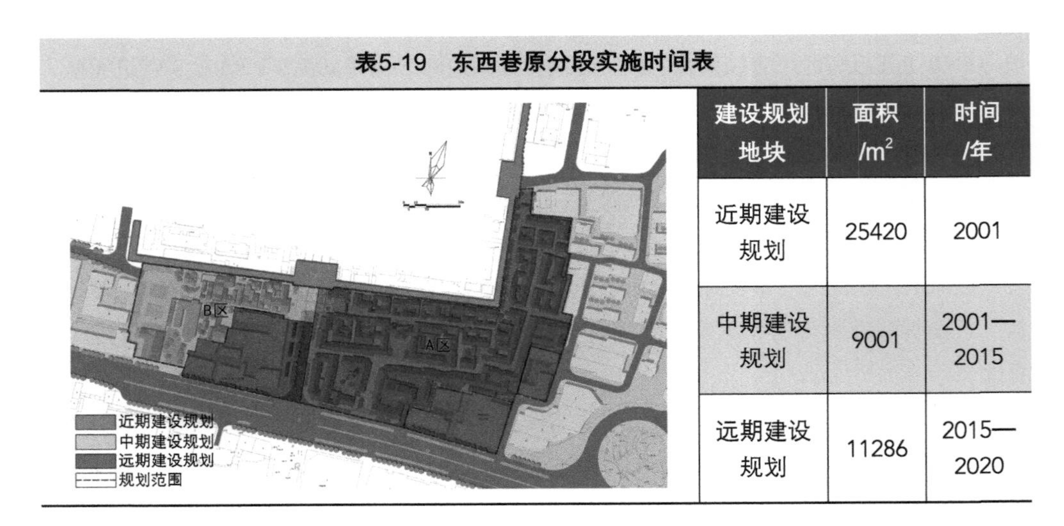

建设规划地块	面积/m²	时间/年
近期建设规划	25420	2001
中期建设规划	9001	2001—2015
远期建设规划	11286	2015—2020

东西巷整体性保护更新在规划上分为历史文化展示区（即东巷和江南巷部分）、传统工艺美食区（即兰井巷部分）、旅游特色购物区（即仁寿巷部分）和历史文化风貌区（即西巷部分）四个功能板块。东巷部分于2016年正式开街，开放区域主要以东巷、江南巷为主，随后开放兰井巷和仁寿巷部（表5-20）。原街区保护与更新计划中的居住功能并未实现。

东西巷整体性保护更新在建筑、历史文物等物质文化保护方面遵循了整体性保护和原真性保护原则，以及相关法律法规。在挖掘东西巷历史原貌的基础上，街区整体景观总体上突出了桂林历史文化街区的风貌特色（图5-11、图5-12）。在街区建筑风貌保护方面，街区建筑在提升建筑功能的基础上，较好地传承了桂北地区建筑文脉，是整个保护更新项目中的亮点。

与街区景观与空间保护更新效果相比，东西巷的历史文化保护效果不佳。东西巷整体性保护更新项目是由桂林市秀峰区政府控股企业牵头，与当地商业资本共同注资完成的。商业资本基于对经济利益最大化的追求，在已获得商业面积补偿的情况下，将大量应当提供给居民回迁居住的民居改为餐饮、零售、酒吧等商业店铺，使街区在地方文化、生活文化、传统商业文化等方面的非物质文化保护未能全部实现。东西巷历史文化街区的过度商业开发，导致街区彻底丧失居住的可能性。笔者在调研中发现，由于店铺的喧闹、游客的干扰等种种原因，街区保护更新规划范围内无任何居民回迁。

总体而言，东西巷历史文化街区整体性保护更新在街区空间、景观、建筑等物质性保护更新方面做得可圈可点，但是对于街区历史与文化的续接传承方面却不尽如人意。

表5-20　东西巷保护规划功能分区表

功能分区	街巷
历史文化展示区	东巷、江南巷
传统工艺美食区	兰井巷
旅游休闲购物区	仁寿巷
历史文化风貌区	西巷

图5-11　东巷建筑风貌

图5-12　江南巷建筑风貌

一、街区整体功能的激活与质变

1．街区整体功能激活与质变实践

对于城市历史文化街区而言，街区整体功能的激活与提升主要从基础服务功能提升、交通功能提升、街区原有功能激活、公共服务功能和历史文化体验功能提升这五个方面着手。东西巷历史文化街区的原生功能基础较差，基础服务功能、公共服务功能、历史文化体验功能几乎为零，而且街区交通功能方面已经出现仁寿巷被占用的状况。鉴于东西巷原有功能的状况，东西巷整体性保护更新基本上是在保留街区历史建筑的基础上，重新塑造街区整体功能体系。但是，街区原有居住功能却未能延续，东西巷历史文化街区在历史上是一个商住合一的复合型街区，但是街区更新后却完全成了旅游商业型街区。

街区基础服务功能提升方面，完成了对供水、供电、通讯方面的线路改造，所有线路都埋置于地底，彻底解决了“三线”混乱的问题。在生活污水排放方面，街区里设置了完善的雨水管道、下水管道，所有污水处理管道都接入城市管网进行污水处理，街区中的民众再也不用为雨后路面泥泞而发愁。此外，街区中还设置了接近20处公共卫生间，解决百姓生活之急。总的来说，东西巷历史文化街区在街区基础服务功能方面焕然一新。

街区交通功能保护提升方面，东西巷的保护更新依循街区传统空间肌理，保护街巷空间格局，打通街区拥堵部分（仁寿巷），采用以步行为主的交通组织方式。在东西巷保护更新中，主要区域设有两个主要入口，两个次要入口。主要入口位于正阳路东侧的仁寿巷和江南巷北端，次要入口位于解放东路北侧和状元廊入口处。东西巷的街区整体道路系统由东巷、西巷、江南巷、仁寿巷、兰井巷五个主要街巷的道路连接成整体的步行系统，方便游客步行游览。东西巷的东侧连接正阳路，南侧与城市主干道解放东路相接，北侧与东华路相连，交通系统便利完善（表5-21）。但是东西巷历史街区采取了夜间封闭管理的措施，夜间关闭了正阳门出入口，给附近居民造成了交通不便。尤其是居住在靖江王府区域内的居民，在夜间被迫绕行约2km才能回家。

表5-21　东西巷交通分析表

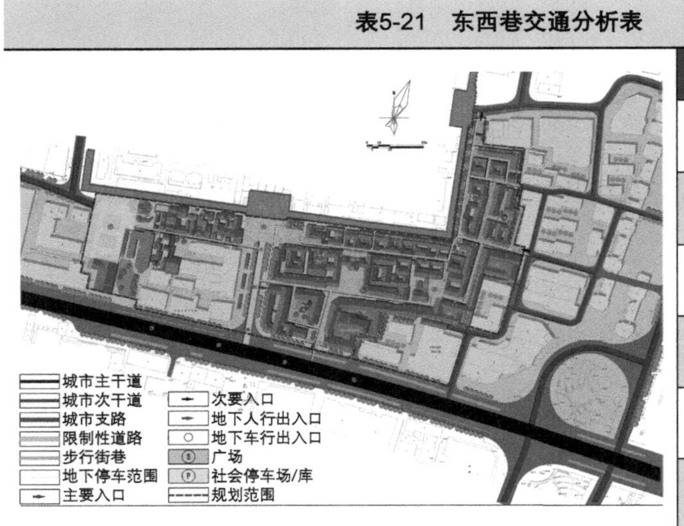

交通类别	数量/个
主要入口	2
次要入口	2
步行街巷	9
地下人行出入口	4
地下车行出入口	4
限制性道路	1

东西巷历史上是商业功能和居住功能结合的商居型街区。在街区原有功能保护与激活方面，东西巷保护更新项目延续了部分街区原有商业功能，老字号商铺、传统手工坊体验店铺、当地传统美食店铺得以重新开设，例如老凤祥、桂林米粉、汉臣银店等商铺。在原有居住功能方面，随着大部分居民的迁出，街区中的传统民居、名人故居被改成了商业店铺，发生了质变。

由于东西巷历史文化街区功能上的质变，街区成为城市公共服务区域，可满足城市市民、游客举办公共活动、旅游、购物、休闲等多种公共需求，例如东巷区域中部的遗址广场，现已成为桂林市民举办文艺汇演、纪念活动、公共聚会的理想场所。桂林市民虽然多了一个休闲去处，然而古城老巷的历史文化氛围却不复存在。在东西巷保护更新后，街区中功能类型虽多，但是以餐饮美食、服装饰品、酒吧茶楼、酒店民宿等商业功能为主，街区文化展示、生活服务功能所剩无几（表5-22）。总体而言，东西巷历史文化街区从商居合一型街区转变成旅游商业型街区，街区几乎提供旅游商业街区可能出现的所有商业服务功能。

表5-22　东巷区域改造后功能统计表

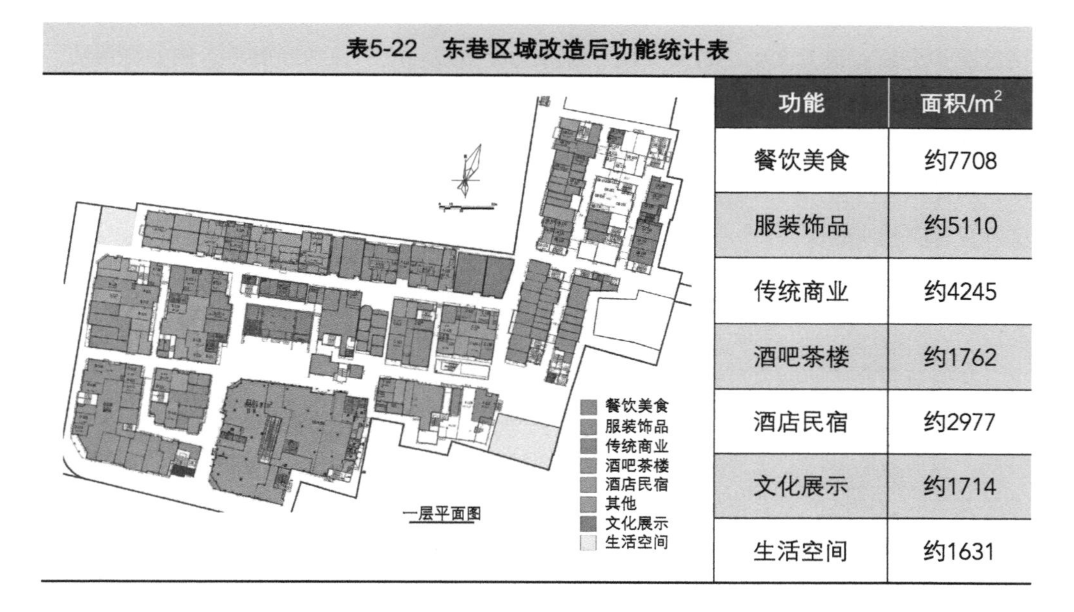

功能	面积/m²
餐饮美食	约7708
服装饰品	约5110
传统商业	约4245
酒吧茶楼	约1762
酒店民宿	约2977
文化展示	约1714
生活空间	约1631

根据实地调查得知，市民去东西巷历史街区的主要目的是吃饭、购物与休闲漫步；而游客前往东西巷历史街区的主要目的是感受街区的历史，品味当地文化，欣赏传统建筑（图5-13）。令人遗憾的是，由于街区原居民的迁出，街区市井文化没有得到保留，地方文化体现不足，前往东西巷游玩的民众再也无法体验到桂林古城历史街区中最纯粹地方历史文化。

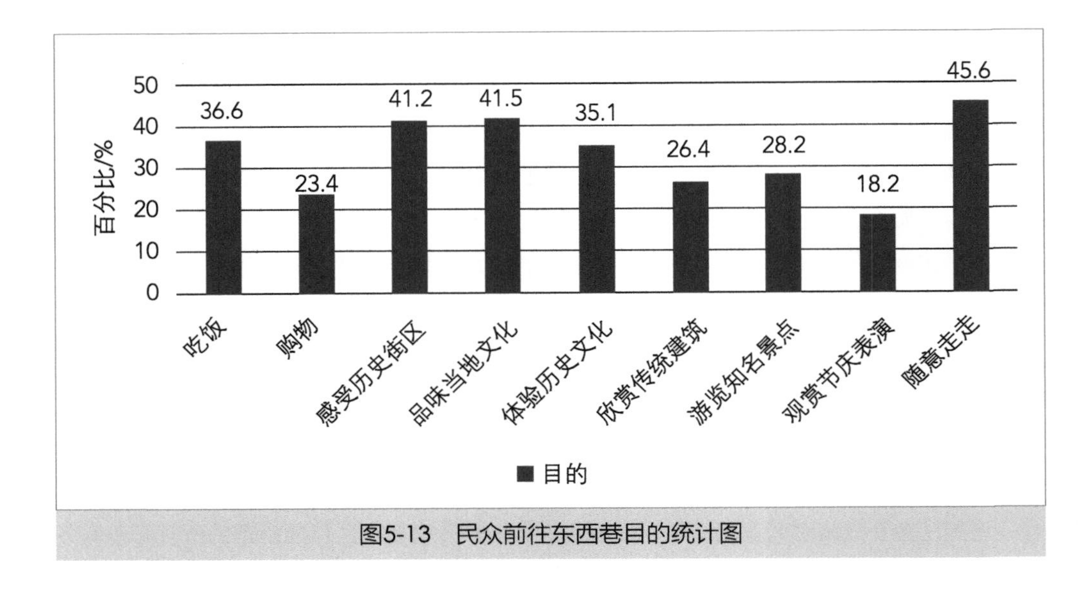

图5-13　民众前往东西巷目的统计图

东西巷保护更新在街区历史文化体验功能提升方面具有一定的成效。东西巷历史文化街区保护更新对地方文化、名人文化、古迹文化做了相应的保护和展示，例如在遗址广场、讲古堂、状元廊、街区博物馆等，游客可以充分感受到前朝古迹的沧桑、当地桂剧的精彩和名人文化的丰富。虽然东西巷的保护更新在街区历史文化体验功能提升方面做得较好，但是街区历史文化的整体保护效果欠佳，例如街区市井文化、传统手工业、居住文化等都没得到相应的保护。

2. 街区整体功能质变产生的影响

东西巷整体功能的激活确实满足了城市发展的需求，优化了街区整体功能，但是街区功能主体发生了质的改变。改造前的东西巷以居住为主要功能，街区属于城市中的半私密空间。改造后的东西巷主要功能转化成旅游服务与商业功能，街区空间成了完全开放的城市公共空间，街区的原有功能并未获得实质上的激活提升。

东西巷历史文化街区在修缮改造之前，街区里基础设施严重匮乏，街区整体功能衰退，仁寿巷被居民乱搭乱建的房屋挤占，街道空间被严重压缩。东西巷整体性保护更新在功能构建上，从最初方案到最终的实施发生了质的变化。在原街区保护规划中，街区以传统居住功能、传统商业功能、文化体验功能为主，兼顾休闲旅游功能。事实上，街区修缮完成后却转变成以旅游、商业功能为主的商业型街区。街区原生功能被商业功能严重挤占，例如街区中保留、复建的民居和老字号店铺被高附加值的现代商业店铺所代替，原有功能并未得以延续。东西巷历史街区整体功能的质变，直接导致街区历史文化原真性的丢失、文化生态系统的破坏。我国著名学者阮仪三指出，一旦街区居民的社会结构、关系构成被破坏，结果是不可逆转、不可恢复的。

过度商业化的东西巷还对居住在该街区周围普通居民的日常生活产生了负面影响。笔者在深入考察东西巷时，对仍然居住在东西巷周边的居民进行了访谈。在访谈中，有居民提到，“以前我们住在这里，虽然这里破旧，但是我们街坊邻居每天吃过饭就聚在巷子里聊天，还经常有卖菜的、卖水果的推车到我们巷子里来，外人也很少进来。现在把我们迁到东西巷外面，把巷子改成了一个景区，虽然环境比以前好了，但是里面全是外地人来卖东西的，我们以前熟悉的店都没有了。我们进出也不方便”。东西巷整体性保护更新项目中的街区整体功能的激活与提升对街区产生了正负两个方面的影响。其一，街区环境得到很大的改善，完善了街区基础设施，丰富了街区功能，吸引了大量市民和游客进行消费，对城市经济的发展起到很好的推动作用；其二，变成旅游商业街的东西巷历史文化街区，街区的历史沉淀与文化内涵未能得以保护继承，同时给街区原居民在生活上造成了不便。

城市历史文化街区的保护更新需要在城市整体规划框架下进行。在东西巷附近已有一条商业步行街的情况下，将城市仅存的历史文化街区改造更新为以商业为主的营业性街区并不是最好的选择。东西巷历史文化街区整体功能的激活与提升，需要在保护原有功能基础上对街区整体功能进行挖掘拓展，促进街区历史与文化内涵的延伸。

二、街区空间的保护与更新

1．街区空间保护与重塑实践

东西巷历史文化街区地处桂林古城中心地段，也是“靖江王府—象山”城市景观轴线的重要组成部分。保护更新之前的东西巷基本保持了民国时期“梳篦型”的空间格局（图5-14）。街区内以1～3层民居为主，宿舍、厂房等部分多层现代建筑穿插其中。

保护更新前的东西巷历史文化街区，东巷街道长约160m，宽2.5～3m，两侧建筑层数多为2层，高宽比在2：1～3：1；西巷长约150m，宽约2.5m，两侧建筑多为2～3层，高宽比为2：1～3：1；江南巷街道长约180m，宽2.5～4m，两侧建筑多为1～2层，高宽比为2：1～3：1；兰井巷街道长约47m，宽3.5～4.8m，两侧建筑多为1层，高宽比约为1：1；仁寿巷街道长约126m，宽2.5m，两侧建筑多为2层，建筑高宽比为2：1～3：1。东西巷整体性保护更新是在保证街巷空间肌理整体不变的基础上，注入了更多与工作、购物、商贸、休闲、旅游相关的公共空间。项目遵循原真性保护理论中“不改变原状”的科学保护原则，对街区内部街巷进行了保护性梳理（图5-15）。具体而言，东西巷历史文化街区基本保留了原有街巷道路，通过清除违章搭建及其他非法构筑物的手段，拓宽了部分街道宽度，增加了内部步行支线，形成与原街区肌理相协调的步行街道体系。对完工后的东西巷街道尺度进行测量发现，东巷的道路长度基本保持了原样，宽度拓宽至4.5m，高宽比为1：1～2：1；由于西巷西侧的用地开发，西巷长度缩至117m，街巷宽度基本不变，高宽比仍为2：1～3：1；出于人流疏导需求，对江南巷进行了适度延长与拓宽，街巷长度延伸至341m，宽度扩宽到4.5m，与东巷在宽度上基本保持一致，高宽比为1：1～2：1；兰井巷因整体规划要求，从原来的68m缩至47m，宽度保持了原来的3.5m；鉴于仁寿巷被违章建筑堵塞的问题，在更新过程中参照历史资料，秉承打通街巷筋脉淤积的原则，对仁寿巷进行恢复性整体梳理，长度则由原来的126m扩为150m，高宽比为1：1～2：1（表5-23）。不难发现，东西巷历史文化街区的保护与更新在尊重街区历史空间格局，保持街巷空间关系的基础上，采用对街区街巷进行整治与提升的手段，完成了街区整体空间肌理的保护与更新（图5-16、图5-17）。

表5-23 东西巷街道空间尺度对照表

街巷名称	原宽度/m	现宽度/m	原建筑层数/层	现建筑层数/层	原高宽比	现高宽比	原长度/m	现长度/m
东巷	2.5～3	4.5	1～2	1～2	2:1～3:1	1:1～2:1	160	161
西巷	2.5	2.6	2～3	2～3	2:1～3:1	2:1～3:1	150	117
江南巷	2.5～4	4.5	1～2	1～2	2:1～3:1	1:1～2:1	180	341
兰井巷	3.5～4.8	3.5	1	1	1:1	1:1	68	47
仁寿巷	2.5	6	2	2	2:1～3:1	1:1～2:1	126	150

图5-14 东西巷规划前空间肌理图

图5-15 东西巷规划后空间肌理图

图5-16 东西巷空间肌理现状

图5-17 东西巷街道关系现状

街区空间色彩与材料保护与沿用方面，选用桂林本地建筑材料，保证街区历史风貌的延续。东西巷保护更新建设中采用保持建材原色的手法，完成街区空间色彩的塑造。街区整体用色以青砖与青色石灰石本色为主色，以绿色植物加以点缀，既沿用了东西巷历史文化街区的原有材料，又高度还原了街区的色彩（图5-18）。东西巷墙体界面大多采用具有桂林地方传统特色的材料，如石材、小青砖、木材、石灰等，且每种材料的使用方法与传统建造方法保持一致。位于街区历史核心地段保护范围的东巷、西巷和江南巷，严格采用具有桂北民居特色的青砖、青石、灰瓦等材料进行修缮（图5-19）；位于历史地段建设控制地带的仁寿巷、兰井巷部分空间的墙面采用了白墙黑瓦，使街道空间色彩统一中有所变化，层次更加丰富（图5-20）。东西巷的地面铺装以青石、鹅卵石为主，部分使用透水地砖等现代材料，最大限度地恢复街区的历史原貌。主要步行道路选用了青石板铺装；部分道路设置了盲道，以鹅卵石作为铺装主料，脚感上与主要路面予以区分，体现了对残障人士的关爱（图5-21）。在建筑细部的材料使用上，部分建筑采用与铺地色彩一致的拉毛石灰石作为台阶，以保持传统街区的整体材料与色彩的统一性。总体而言，东西巷空间景观的色彩、材料继承了东西巷的传统，沿袭了街区的历史特色。

东西巷历史文化街区在街道天际线营造方面，充分利用了桂北民居马头墙的形态特点，构建了一个充满动感的街道天际线。桂北传统民居最大的特点就是形态自由，具有不受建筑形制约束的马头墙形式，墙身收分或用圆弧，或用降阶形式。与徽州民居直线性墙头不同，桂北民居马头墙的墙头自然起翘，有振翅欲飞之势，与桂林的青山秀水遥相呼应。桂林东西巷民居修缮中，对马头墙的特点做了强化处理。连续多变的马头墙与沉稳的民居硬山顶，共同构成了东西巷历史文化街区的天际线（图5-22）。东西巷街区建筑控制带以内的建筑大多超过2层，屋脊限高为8.5m，对高度破坏街区整体天际线构成的建筑进行了降层、拆除处理，保持了桂林历史文化街区的整体空间景观形象。然而，在正阳路、解放东路沿街部分的建筑层数却突破限制到了3～5层，严重影响了东西巷街道整体空间效果（图5-23）。

东西巷历史文化街区在植物景观塑造方面，并未种植过多的固定性植物，而是预留出足够的空间给街区的使用者，按照自身喜好自由植栽。改造前的东西巷街区内部植物不多，因此街区规划仅有0.1hm^{2}的固定绿地，占总用地的2.91%。街区正式运营后，入驻商

图5-18　东西巷街道空间色彩

图5-19　东西巷民居墙面细部

图5-20　东西巷民居色彩对比

图5-21　东西巷街道铺装

图5-22　东西巷街道天际线

图5-23　正阳路沿街建筑

家自发性地在店面门前装点绿化。目前，东西巷历史文化街区的植物景观主要以小而精的绿篱、花坛、盆栽为主，美化街区的同时也不影响行人通行。街区内的植物景观主要有翠竹、金橘、吊兰等，形式多样的盆栽、垂直绿化不但提升了街区环境品质，而且有美好的寓意（表5-24）。

表5-24　2020年8月东西巷街区主要植物景观统计表

植物	黄金间碧竹	金橘
场景		
象征	黄金间碧竹象征事业辉煌、财源滚滚	金橘象征吉祥如意
数量	12处	32处
植物	棕竹	吊兰
场景		
象征	棕竹象征着生意兴隆、生生不息	吊兰象征心想事成
数量	16处	28处

续表

植物	吊竹梅	龟背竹
场景		
象征	吊竹梅象征着积极向上的品质	龟背竹象征着招财进宝、添加福禄
数量	8处	15处
植物	铁角蕨	春羽
场景		
象征	铁角蕨象征着亲切、温柔处事的风格	春羽象征着友谊和长久
数量	16处	18处
植物	山茶花	马蹄金
场景		
象征	山茶花象征着谨慎而又孤傲	马蹄金象征着坚强和努力
数量	11处	12处

续表

植物	桂花	绿萝
场景	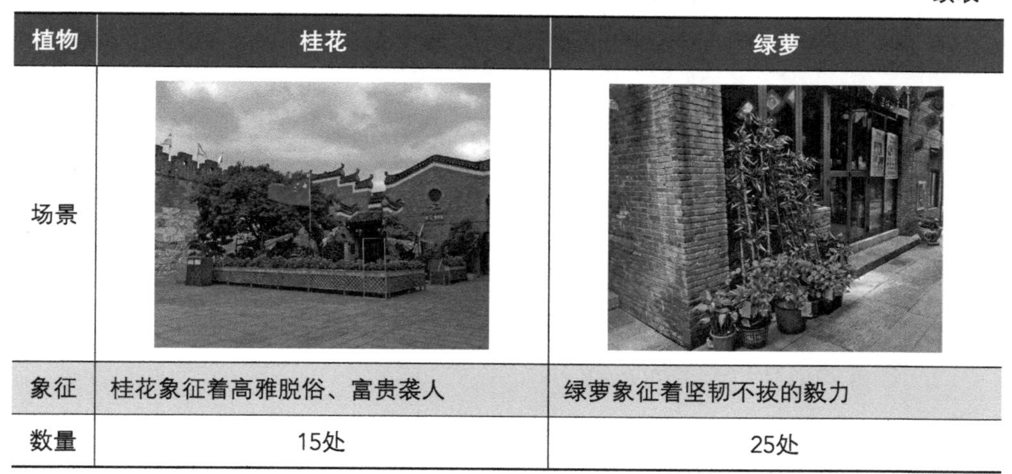	
象征	桂花象征着高雅脱俗、富贵袭人	绿萝象征着坚韧不拔的毅力
数量	15处	25处

2. 街区空间保护与重塑效果

东西巷的空间景观保护与更新总体上达到了美化街区整体环境的效果。但是存在部分建筑层数过多、街区天际线被破坏、街区整体绿化率较低的问题，空间保护与更新效果并没有达到预期水准。

东西巷历史文化街区整体性保护更新项目实施之前，街区部分建筑风格杂乱纷呈，街道整体空间景观体现不出历史街区应有的历史风貌。东西巷在空间景观保护与更新方面，总体上恢复了街区历史空间肌理，重塑了街区空间景观，强化了城市景观轴线关系。东西巷历史文化街区空间格局变化主要体现在对仁寿巷街巷结构进行的梳理恢复。整个街区街巷高宽比基本上控制在1∶1～3∶1，街道空间尺度宜人。通过对街区交通功能需求与历史肌理的综合考虑，使用整治以重塑的手法，仁寿巷从未改造之前堵塞街巷，演变成与东巷近乎平行的街巷设置。东西巷历史文化街区以桂北民居马头墙、硬山顶为主体所构成的街区天际线，较好地呈现出桂林传统街区的地方特色。由于解放东路、正阳路沿街建筑高度过高，对城市整体景观轴线构成产生了一定的负面影响。

东西巷历史文化街区内总体绿化率较低，固定种植植被较少，街区植物景观主要使用花池、盆栽等方式呈现。由于大规模施工，街区原植物几乎没有保存下来，马启邦公馆门前两棵名贵的罗汉松早已不见踪影。诚然，由于桂林气候温暖多雨，乔木根系发达而不利于在街巷种植。但是在街巷宽阔地带，固定种植的树木也不多见，甚至作为桂林市市花的桂花树也仅有寥寥数棵而已。东西巷紧靠靖江王府，作为广西古贡院的附属地段，有必要在植物景观上突出街区的历史文化特征。例如，在正阳门前种植银杏树，凸显贡院的杏坛象征之意。

东西巷整体空间景观的保护与重塑，较大地提升了街区环境景观，但同时也带来了新的问题。受街区功能转化的影响，街区整体空间氛围产生了巨变。原先以居民居住为主的街巷宁静祥和。当前东西巷作为旅游商业街区，过高的人流使街巷丧失了古城老巷的静谧气息。总的来说，街区整体空间景观的保护与重塑对街区景观进行了一定的改善，但是还有很大的改进空间。

三、街区建筑的保护与更新

1. 街区建筑保护与提升实践

东西巷历史文化街区建筑景观的保护与更新主要集中在建筑功能保护提升、建筑风貌保护传承、建筑材料沿用、建筑装饰传承及建筑形制继承几个方面。总体上更新后的东西巷，在街区建筑方面彻底改变了街区原先衰败的旧貌，甚至超越了街区在鼎盛时期的风采。

东西巷更新后，街区建筑功能有很大提升，但是功能属性也发生本质上的变化。更新前，东西巷历史文化街区包含居住建筑、商业建筑、教育建筑、宗教建筑和公共服务建筑等建筑类型，其中以居住建筑为主，所占比例高达65.89%，商业建筑所占比例为27.28%（表5-25）。在街区保护更新规划中，东西巷历史文化街区是以居住、商业功能为主，兼顾休闲旅游功能的内生型街区。在街区居住功能延续方面，街区原计划在保留传统住宅的基础上，降低原有居住密度，延续历史地段传统居住建筑的功能，鼓励传统空间环境与现代生活方式结合，保持街区内在活力。更新后的东西巷历史文化街区在建筑功能延续方面并未实现规划目标。目前在东西巷的核心保护区域范围内，建筑形式上都是按照合院民居形式进行保护和修缮的。但是在建筑功能上，大部分建筑被改为商铺对外出租，不再具备居住功能，其他区域更是完全被商业建筑所取代。完成保护更新后的东西巷历史文化街区，建筑功能上以现代商业、旅游服务为主，以文化展示与体验为辅，原有居住功能完全消失。甚至历史民居建筑在经过修缮后，也被改为其他用途，例如东巷4号、16号改为文化展示、体验的场馆；龙氏故居、东巷2号、东巷20号转为文化产业的经营场所（表5-26）。东西巷历史街区昔日居民互相攀谈、邻里和睦相处的街区场景已不复得见。

表5-25　东西巷改造前建筑功能分类表

建筑类型	原建筑基底面积/m^2	不同功能建筑比例/%
居住建筑	16289	65.89%

续表

建筑类型	原建筑基底面积/m^2	不同功能建筑比例/%
商业建筑	6744	27.28%
教育建筑	863	3.49%
宗教建筑	600	2.43%
公共服务建筑	226	0.91%
总计	24722	100%

表5-26　东西巷改造后主要建筑功能

建筑	龙氏故居	岑氏宫保第
场景		
功能	售卖手工银饰的店铺	为游客提供服务的展示场馆
建筑	东巷2号	东巷16号
场景		
功能	售卖壮锦的店铺	为游客提供服务的文化展示场馆

续表

建筑	东巷4号	东巷20号
场景		
功能	为游客提供服务的文化体验场馆	售卖字画的店铺

东西巷历史文化街区的历史建筑主要以桂北合院民居为主，其在空间布局、建筑形制、结构材料、建筑装饰等方面特点鲜明、风格独特，形成了独树一帜的传统合院式建筑风貌。东西巷整体性保护更新项目中，将东西巷划分为历史地段核心保护范围和历史地段建设控制地带。历史地段核心保护范围以王城城墙和东华门为界，南至东西巷南边线，西至天主教堂，东达江南巷东侧完整合院边线。核心保护范围内建筑风貌以“修旧如故”的原则进行修缮和保护，其建筑风貌特色传承了桂北合院民居建筑特色。建设控制地带从核心保护范围边界起往外延伸，南至解放东路，西抵中山路，东达王府酒店、税务局宿舍一带。历史地段建设控制地带严格控制新建建筑的风貌，建筑的形式与历史地段保护范围内的建筑相协调，延续清末民初桂北民居和岭南建筑特色。东西巷整体性保护更新项目对核心保护范围内的广东会馆、东巷20号、东巷16号、东巷4号、东巷2号等历史建筑进行了保护与更新，重现了历史建筑的传统风貌。广东会馆于战争时期被毁，东西巷整体性保护更新项目对广东会馆进行了重建。更新后的广东会馆为典型的粤式建筑风格，屋顶为粤式建筑常用的镬耳山墙（图5-24），屋内装饰有岭南特色的琉璃瓦窗，拱门上刻有小篆体的“怀德”“和谐”。东巷20号原为阳朔县朗梓村覃氏望族所建，是东巷保存最为完好的建筑，也是清代桂林城市传统民居的代表性建筑。东西巷整体性保护更新项目保留了建筑的二层砖木结构，以及双开木门，清水封火砖墙、花窗和格栅门等建筑构件，传承了朗梓村的传统民居特色（图5-25）。东巷16号和4号是东巷留存下来的较为完整的合院建筑，建筑的二层砖木结构、清水封火砖墙、四水归堂的四合院格局都得以留存，是典型的桂林合院民居风貌（图5-26）。东巷2号是典型的桂北民居合院式建筑，空间分前后两进，均为三开间的砖木结构建筑（图5-27）。建设控制地带内的新建建筑沿用了桂北民居的建筑特点，整体上与核心保护范围内的建筑相协调。

新建建筑屋顶以硬山坡顶为主，色彩以黑、白、木色及地方石材青灰色为主色调，传承了桂林传统建筑风貌。总体而言，东西巷整体性保护更新项目在建筑风貌上较为完整地重现了当地传统建筑风貌，尤其是历史地段核心保护范围内的建筑，承载了当地人对东西巷的街区建筑记忆。建设控制地带内的新建建筑在相关规划、文物管理部门指导下进行，大部分建筑的风貌、体量、色彩、高度等与街区传统风貌相适应。

图5-24　广东会馆的镬耳山墙

图5-25　东巷20号历史建筑

图5-26　东巷16号历史建筑

图5-27　东巷2号历史建筑

东西巷历史街区在建筑材料方面，沿用原建筑材料进行保护和修缮，新建建筑则使用当地建筑特色材料进行重建。东西巷的建筑外墙以青砖为主，部分历史建筑墙面结合了石材与青砖。更新后的东西巷建筑在石材墙基上，使用青砖对建筑外墙进行保护和修缮，即以石材砌墙基和墙角，在此基础之上采用青砖实砌（图5-28）。石材与青砖的有机结合，既体现了桂林民风的淳朴、温婉，又传承了桂北民居的建筑文脉。桂林多雨，因此东西巷的建筑屋面形式以硬山顶居多，以小青瓦为主材。硬山顶屋面方便排水，青瓦则方便导流雨水。东西巷的街道铺地和屋内铺地都是使用本土材料进行修整和铺设。街道选用当地石材铺设，局部点缀雕花石材（图5-29）。东西巷的建筑屋内采用规整的条石、方石，依照中轴对称理念进行铺设（图5-30）。更新后的东西巷建筑柱础和门槛一般采用当地麻石，不赘加雕刻图案等装饰（图5-31）。部分建筑的柱础和门槛是街区留存下来的，新建建筑基本采用较为规整坚硬的花岗岩、大理石等材料。东西巷整体性保护更新项目中，建筑的门窗以木质为主（图5-32、图5-33）。部分建筑的窗采用现代玻璃材料进行美化和展示，玻璃窗一般以木材过渡到墙面（图5-34、图5-35）。东西巷历史文化街区建筑材料在保留当地性的同时，局部融入了现代材料，营造符合东西巷历史街区风貌的特色建筑。

图5-28　建筑外墙的石材和青砖

图5-29　街道铺地的雕花石材

图5-30　建筑内院青石铺地

图5-31　民居柱础

图5-32　民居大门

图5-33　冰裂纹窗棂

图5-34　建筑玻璃材料的使用（1）

图5-35　建筑玻璃材料的使用（2）

东西巷历史文化街区中建筑的屋脊、墙、门、窗、檐口等建筑装饰上都有其独特的样式，形成了东西巷别具一格的建筑风貌。更新后的东西巷，其建筑屋脊形式主要有瓦片脊和清水脊，其中以瓦片脊居多。瓦片脊是在脊檩上抹三合泥浆，用片瓦斜立排成脊，两端为鳌尖，中间为中墩（图5-36）。部分民居屋脊为清水脊，清水脊是在脊檩上抹三合泥浆，用一到两层青砖砌成脊，再做中墩和鳌尖（图5-37）。无论是瓦片脊还是清水脊，都是桂林传统民居的做法，瓦片脊美观大方，清水脊结实耐用，各有所长。更新后的东西巷核心保护范围内，建筑墙面采用旧料修缮损毁处，对无法恢复原样部分进行创意设计。由于建筑功能发生质变，部分建筑外墙融入了现代装饰（图5-38）。这种不遵从传统建筑工艺的做法并没有大量出现在东西巷建筑中，将少量的现代设计手法融入传统建筑可以起到提升建筑整体美感的作用。东西巷整体性保护更新保留了传统门楼式大门。门楼式大门一般设在外墙的中央或偏左偏右处，进深一般为三步架。除了门楼式大门，东西巷还有部分石砌发券拱门（图5-39），圈门式门框一般没有明确的木质大门，用于走廊处和偏门。东西巷建筑的窗棂样式则丰富多彩，例如东巷20号内有八角景嵌玻璃、冰裂纹嵌玻璃、宫式等样式，东巷16号内有书条式，岑氏宫保第旧址有繁复精彩的葵式嵌玻璃长窗（图5-40、图5-41）。总体而言，更新后的东西巷建筑在装饰上丰富多彩，沿用了大量桂北传统民居的建筑符号，尽显当地建筑地域化风貌。

东西巷历史文化街区的建筑形制基本延续了传统建筑形制（图5-42），建筑主要为合院型两层小楼，屋面为“硬山顶”。东西巷中的合院式建筑特征是院落中的房屋分离，房屋之间以走廊相连（图5-43）。建筑山墙同屋面齐平，屋面以中间横向正脊为界形成双坡顶。高出屋顶的山墙，有发生火灾时阻止火势蔓延的作用。

图5-36　瓦片脊式屋脊装饰

图5-37　清水脊式屋脊装饰

图5-38　青砖与现代装饰结合

图5-39　发券拱门

图5-40　葵式嵌玻璃长窗（亚字纹窗棂）

图5-41　葵式嵌玻璃长窗（云纹窗棂）

图5-42　东西巷建筑形制

图5-43　东西巷民居合院形制

2. 街区建筑保护与更新效果

东西巷的建筑保护与更新虽然延续了街区传统建筑风貌，但其内在的建筑功能发生了质变，即由居住建筑转变成了商业建筑，只有少量街区博物馆公共建筑得以留存。东西巷历史文化街区整体性保护更新项目实施之前，街区大量建筑破败不堪。部分文物保护建筑和历史建筑衰败，与传统风貌不协调的建筑占据了近半街区。东西巷整体性保护更新项目在建筑方面进行了全面整治，对历史建筑和文物保护建筑进行了最大力度的保护，清除了与街区风貌不符的建筑，对符合传统风貌的建筑进行了修缮和保护，总体上取得了明显的效果。东西巷历史文化街区的建筑保护主要针对具有地方建筑风貌和保留较为完善的建筑进行保护，对城墙周边的乱搭乱建进行了全面的清除，整治了街区整体建筑风貌。东西巷整体性保护更新项目针对龙氏故居、岑氏大院、东巷2号、东巷4号、东巷16号等部分历史建筑和文物保护建筑，利用原材料和原建筑工艺进行保护和修复，最大限度地复原建筑原貌。改造后东西巷街区的建筑外观基本延续了街区传统风貌，但是对于建筑内部功能的保护做得并不是很好，与原规划方案有很大的出入。由于盈利的需求，许多原居住功能建筑被改为商业功能建筑，徒留居住型建筑外观。同时，街区内商业运营并没有按照规划要求[1]保留地方传统商业，反而引入注入大量现代商业店铺。这种反其道而行之的做法，对街区的传统商业历史、街区整体风貌都造成了无法估量的伤害。

总体而言，东西巷整体性保护更新项目在建筑风貌和建筑细节保护上获得了广大群众的好评，极大地改善了街区的整体建筑环境。东西巷的保护更新建设对街区中的文物建筑和历史建筑给予了最大力度的保护和修缮，恢复了旧时街区建筑风貌，让人可以直观地体验到街区建筑历史。但是，街区建筑功能的转变对当地市民和游客产生了较大影响，无法再让人感受到老巷的居住文化和市井文化。

四、街区景观的保护与更新

1. 街区景观保护与更新实践

桂林自民国初年起，当地居民创造的民俗节庆文化就充斥着大街小巷，尤其以灯会最为精彩。桂林的灯会活动一般在正月十五的元宵节。灯会活动一般由各条街巷的士绅带领全

[1] 上海同济城市规划设计研究院、同济大学国家历史文化名城研究中心编制的《桂林市正阳路东西巷历史地段保护规划》中，主张保持独特商业传统的“真实历史记忆”，提倡“大部分街巷保持会馆、商铺、银号、戏楼、餐饮、旅馆、娱乐、传统手工作坊、茶室、商业金融等多种经营类型的混合性”。

部居民参与。在此期间，家家户户会点上各式各样的灯到大街上游赏，富贵人家更是争奇斗艳。因此，点灯的习俗成为桂林城节庆文化重要部分之一，一直影响着今日的东西巷。东西巷整体性保护更新项目为保护当地节庆文化等习俗，在街区专门开设了民俗文化街，并在街巷各个角落呈现民俗节庆文化。民俗文化街（图5-44）的牌坊采用大红色宫式万字纹格栅装饰，街道内商铺门口张灯结彩（图5-45），晚上则更为喜庆。在城墙节庆文化方面，每逢重大节日，城墙每个垛口悬挂一串三联红色灯笼（图5-46）。在街道节庆文化氛围营造方面，东巷2号的外墙悬挂花灯，华灯初上，建筑便会变得绚丽多彩。东西巷的景观装饰除了采用红色灯笼和鱼花灯（图5-47）等灯饰营造节庆文化氛围外，还引入了其他文化装饰元素。例如，在部分街巷中采用玻璃悬吊灯、油纸伞等作为装饰丰富街景（图5-48、图5-49）。

由于原生居民的迁出，街区在生活文化景观保护方面并没有取得良好的效果，人们只能在一些传统建筑装饰细节中感受旧时东西巷的生活文化气息。在东巷20号大门两旁，依然还保留具有传统的石制门枢（图5-50）。在东巷2号外墙转角处，保留着拐弯抹角的做法（图5-51）。东巷2号位于东巷与江南巷的交界处，建筑属于东巷，建筑东部的外墙处于江南巷的范围。因此，在外墙的转角采用拐弯抹角的做法。这种做法可以有效避免行人视线的直接对视和身体碰撞，体现了儒家礼让三分的谦逊思想，折射出旧时街区居民的文化内涵与修养。

图5-44　民俗文化街

图5-45　传统灯笼装饰

图5-46　城墙垛口的灯笼

图5-47　鱼花灯墙面装饰

图5-48　现代玻璃悬吊灯装饰

图5-49　油纸伞装饰

图5-50　东巷20号传统石制门枢

图5-51　东巷2号墙角的拐弯抹角

东西巷自古就云集了古行老店和儒门官邸，居民创造的历史文化更是遍及大街小巷。更新后的东西巷保留和修缮了具有历史文化的建筑、构筑物及街道摆件，在东西巷更新方案规划中，将原立于依仁路与正阳路步行街交汇处，用于表彰陈宏谋伟绩的大学士牌坊嫁接至正阳门东巷入口处（图5-52）。因资金问题，牌坊未能复原其顶部斗拱样式，仅简单地复建为三门四柱样式。复建的大学士牌坊将“大学士”三个大字改为了“东西巷”，大学士牌坊的历史文化内涵并没有得以体现。东西巷街区内有许多具有历史文化韵味的街道摆件，其中部分景观摆件是原街区保留下来的，部分为后续添加。街区景观摆件包括坐凳、花盆、景观池等多种形式，遍布整个街区的街头巷尾，体现了整个街区的历史底蕴（图5-53～图5-55）。

更新后的东西巷，商业文化成为街区主导文化。东西巷的商业文化主要涵盖传统商业文化和现代商业文化，其中现代商业文化的比例占据了街区绝大多数。传统商业景观的做法与现代商业景观的做法也不同。根据《桂林市风貌设计导则》，商业街的商业气氛与传统建筑风貌相协调，如“老酱人”店铺（图5-56）和桂林三花酒商铺（图5-57），保留了建筑门头的传统样式。现代商业景观则以商业定位和品牌风格为主，采用了许多不符合街区风貌的现代材料和设计手法，例如“熊本熊”店铺（图5-58）和糯米酒店铺（图5-59）。过度商业化的景观氛围渲染，对街区历史与文化的体现，实则起到了负面作用。

图5-52　东巷入口牌坊

图5-53　座椅石雕摆件

图5-54　花盆石雕摆件

图5-55　门前石雕摆件

图5-56　“老酱人”店铺

图5-57　桂林三花酒商铺

图5-58　“熊本熊”店铺

图5-59　糯米酒店铺

2. 街区景观保护与更新效果

总的说来，东西巷历史文化街区在景观保护与更新方面没有达到预期的效果。尤其是在生活文化等非物质文化景观保护方面，完全没有采取积极的保护措施。东西巷历史文化街区整体性保护更新使街区的物质文化景观得到了很好的保护和提升。街区更新过程中，保护和修缮了大量历史文化建筑、构筑物和摆件，续接了街区历史文化风貌。在生活文化景观的保护与更新方面却不尽如人意，由于街区原有居民的迁出，大量外来商业文化取代了街区原来的生活文化，让街区原有的喧闹的市井气息荡然无存，生活景观消失殆尽，旧时的街区生活文化只能从部分历史建筑中体现。东西巷历史文化街区的整体性保护更新虽然对街区的景观做到了较好的保护，获得了民众的赞许和认可，但是街区中的生活文化及其他非物质文化亟待保护和拯救。

五、街区历史文物的保护与展示

1. 街区历史文物保护与展示实践

东西巷历史文化街区整体性保护更新项目对街区历史文物进行了原地保护，街区历史文物重点保护对象为靖江王府城墙和街区文物建筑。靖江王府城墙距今已有600余年历史，是我国保存最完整的明朝藩王府宫城城墙。城墙南北长556.5m，东西宽335.5m，基宽5.5m，高5.1m，用方整料石砌筑。城墙的东西辟有“体仁”、“遵义”、“端礼”和“广智”四城门，其中东巷和西巷交汇处的端礼门为三券拱门（图5-60）。更新前的城墙破败不堪，更有民居在城墙周围和上方私搭违建。东西巷历史街区整体性保护更新项目对城墙周围和城墙上方的违章建筑进行了清除，然后采用青砖修复城墙上方毁坏的垛口处（图5-61）。对于城墙墙体完好处采取了最大力度的保护，原样保留了三券拱门的样式及拱门石雕的纹样（图5-62）。城墙大门处的两座石狮得以原样保留，石狮（图5-63）周围用盆栽包围以增强文物景观效果。总体来说，街区历史文物保护效果良好。

东西巷街区中修建的遗址广场（图5-64）是街区历史文物展示的主要区域。2013年，建设人员在东巷岑氏宫保第施工时发现明朝靖江王府宗庙遗址，上叠压岑氏家庙遗址。规划方经过斟酌，将原规划的戏剧舞台改为遗址广场，采用遗址上方覆盖透明玻璃的方法修建。由此可见，东西巷历史街区整体性保护更新对街区历史文物保护与展示的重视。但是，遗址广场的展示效果却不尽如人意，一方面是玻璃材料在使用中容易被磨花；另一方面是桂林天气潮湿温热，玻璃底部时常凝结水珠，使得旧址展示效果大打折扣（图5-65）。

图5-60　端礼门

图5-61　用青砖修复城墙垛口

图5-62　拱门石雕

图5-63　城门石狮

图5-64　遗址广场

图5-65　遗址广场玻璃展示效果

东西巷历史街区整体性保护更新项目中的历史文物重现以逍遥楼的重建为主。历史上的桂林逍遥楼与黄鹤楼齐名。据史料记载，逍遥楼始建于唐武德四年（621年），位于东江门（今解放桥西头）与行春门（今东华路西口）之间。宋元明三代，逍遥楼在原址上历经多次重建。由于历史原因，逍遥楼最终消失在历史的风雨中。2013年初，桂林本土学者林志捷发表《重建桂林逍遥楼项目建议书》，提出在原址附近重建逍遥楼，而后政府采纳了该建议。2014年逍遥楼于滨江路北段解放桥与伏波山之间被重建，并于2016年正式完工。重建后的逍遥楼建筑风格为唐宋风格。项目主体为钢筋混凝土结构，外部装饰将采用硬木。整个建筑总高度23.6m，为建造在1.5m台基上的二层三檐阁楼式建筑（图5-66、图5-67）。逍遥楼的重建，对东西巷乃至桂林市来说，不仅仅提升了自身形象，更彰显了历史文化内涵。

图5-66　逍遥楼石刻

图5-67　逍遥楼建筑

2. 街区历史文物保护与展示效果

东西巷历史文化街区从明清时期发展演变至今，经过王城庙宇、居住型街区、商住型街区等数次更迭与发展，遗留了大量历史文物。东西巷历史街区整体性保护更新选择性地对部分历史文物进行保护和展示，例如古城墙、遗址广场、文物建筑、逍遥楼等，可惜的是街区其他历史遗迹没有得到全面的保护，例如旧时街区的古井、古树等。东西巷历史文化街区对于历史文物的“原真性”保护还有待提高。总体而言，更新后的东西巷历史文物保护与展示效果令人满意，尤其是城墙的历史肌理，可以让人直观地感受到街区的历史文化内涵，让街区的历史记忆得以留存。

六、街区文化生态系统的保护

1. 街区文化生态系统保护实践

东西巷历史文化街区的文化生态系统由生态核、生态基、生态库、生态链组成。它们都是相对独立的生态单元，而生态系统中的生态链，即街区居民习俗与活动，则是联系整个生态系统中最重要的一环。

东西巷历史文化街区文化生态系统的核心是街区中的居民，尤其是在街区中进行生产活动和居住的原生居民。街区原生居民既是街区文化的创造者，同时也是文化的传承者。历史文化街区中的居民日常生活造就了街区独特的地方性文化内涵、丰富的文化形式及多元化的文化价值，如街区中的地方文化、居民生活文化、名人文化、商业文化都是由街区原住民由演绎和延续的。因此，街区居民是东西巷历史街区文化发展和传承的基础，也是文化生态系统重要的生态核。令人遗憾的是，东西巷历史街区整体性保护更新没有对居民进行在地性保护。街区居民的搬迁导致街区文化生态核心的缺失。

东西巷历史街区空间环境由街巷肌理、空间尺度、景观环境、建筑风貌等基础要素共同构成，这些基础构成要素也是东西巷街区文化符号的象征。东西巷历史街区整体性保护更新对街区空间进行了全面的保护和提升，延续了历史街区的空间多样性。街区空间环境构成及表现形式蕴含着丰富的文化内涵，并且具有典型的文化认知特征。东西巷的街区空间环境作为历史文化街区中文化生态系统的生态基，对于稳固街区文化承载，维持城市历史文化街区的文化生态系统运行具有重要的意义。东西巷历史文化街区与靖江王城的历史发展息息相关。其在发展过程中形成了丰富多元的街区文化，如历史文化、建筑文化、地方文化、市井文化、居民生活文化、名人文化、商业文化等。多元性的街区文化以不同的形式彰显着街区历史文化特色，形成了强大的文化库。东西巷历史文化街区整体性保护更新对东西巷的街区文化进行了保护和传承，尤其是物质文化层面的保护效果非常突出。然而，在非物质文化层面的保护效果却收效甚微。

尤其要指出的是，更新前的东西巷街区居民在此地繁衍生息，随着时间的推移与沉淀，自然凝聚成了多元的街区文化。街区居民习俗的形成和活动的发展在不断影响着这片历史街区，使每个生态单元紧密相扣。然而，更新后的东西巷历史文化街区的原居民并未回到街区生活，直接造成了街区生态核的消失，也直接造成了街区文化生态系统生态链的彻底断裂。

2. 街区文化生态系统保护的缺失

东西巷历史文化街区整体性保护更新实施之前，街区有大量原生居民、丰富的文化底蕴、多样的街区空间。多重文化元素通过街区民众习俗与活动串联在一起，共同形成东西巷历史文化街区文化生态系统。东西巷历史文化街区整体性保护更新项目的实施，对东西巷原有的文化生态系统造成了破坏。由于街区原生居民的集体迁出，使得街区的文化生态系统失去了两个关键要素，即生态核与生态链。街区文化生态系统的生态核和生态链分别是街区居民在地性和街区居民习俗与活动。这让东西巷彻底丧失了文化持续创造的可能性。

在街区文化生态基保护方面，东西巷历史街区整体性保护更新项目着重提升了街区空间环境。东西巷历史街区在原有空间格局上，对整体环境进行了梳理和美化，获得了良好的更新效果。在街区文化生态库保护方面，对街区历史文化进行了保护和展示，例如历史建筑、遗址广场等。总体而言，东西巷整体性保护更新项目中的街区文化生态系统保护效果较差，特别是对居民的在地性保护几乎没有具体实施。随着街区文化生态系统的缺失，东西巷历史文化街区的保护更新逐步走向了街区“躯壳化”、过度商业化的误区。

七、街区历史的保护与呈现

1. 街区历史保护与呈现实践

东西巷历史文化街区自清朝形成至今已有百年的历史，其街区的发展与演变与靖江王府紧密相连。东西巷历史文化街区的发展历经形成、鼎盛、被毁重建、停滞、衰败和复兴六个阶段，整体性保护更新项目是街区复兴的关键。对街区历史的保护与呈现主要体现在街区历史空间格局、历史建筑和历史文物的保护与呈现中。更新后的东西巷保留了原有的“梳篦”型街巷系统，其空间格局可以直接体现出东西巷的百年变迁和发展脉络。

东西巷历史文化街区整体性保护更新通过对街区的历史肌理考察与核对，清除了大量与历史肌理不符的违章建筑，以恢复街区历史空间格局。这种对历史肌理的保护与提升，有效地保护了街区历史发展脉络。更新后东西巷的部分历史建筑和历史文物得到较好的保护与展示，可以让人直观地感受到街区的历史发展与演变，如宋朝时期建造的城墙、清朝时期建造的龙氏故居、民国时期建造的马启邦公馆。这些历史建筑及历史文物经过修缮和复建，在街区中得以重现（表5-27）。然而街区的保护建设中也出现了部分与街区历史发展脉络相悖的空间与建筑。这种与街区历史不符的更新方式，给街区历史和发展脉络保护造成了极大的负面影响。东西巷历史文化街区沿街建筑的亮度都比最初规划的建筑高度多3～6m，这种建筑建设增高的做法不仅影响街区的整体建筑风貌，更深层次地影响了街区建筑文化和历史脉络的保护与传承，阻碍了人们对街区历史直观的体验。

表5-27　部分历史建筑及历史文物的保护与重现

历史建筑	明朝时期城墙	清朝时期江南会馆	民国时期马启邦公馆
建筑及文物图像			

续表

历史建筑	明朝时期城墙	清朝时期江南会馆	民国时期马启邦公馆
保护与重现情况	靖江王府城墙历经600多年的发展，经过多次修缮和保护	清朝时期建造的江南会馆破败不堪，对其进行了修缮	民国时期建造的马启邦公馆早年被毁，在原址进行了重建

东西巷历史文化街区自形成发展至今，积累了大量历史故事，例如名人故事、民间故事、历史建筑故事等。东西巷历史街区整体性保护更新在街区历史故事的保护与再现方面，主要集中在对历史建筑故事和名人故事的展现上，而对民间故事、市井故事保护的展现较少。在东巷区域的保护过程中，街区保留了多处历史建筑，并在历史建筑门口处设置历史建筑简介及发展史的牌匾，受众可以通过阅读了解历史建筑的建造年份、建造结构及屋主背景故事，对于建筑的详细故事没有介绍。通过简要介绍建筑基本信息的方式，可以让前来游览的人一目了然地知晓建筑的背景信息，但由于对历史建筑背后的民间故事未能充分讲述，故而对街区历史的展示不彻底。当然，街区内部分建筑的重建，也起到了再现街区故事的作用，例如东西巷老字号熊同和药号的恢复。通过熊同和药号，记录该药号历史故事，达到讲述街区生活故事的目的。此外，东西巷历史文化街区在东巷4号设立讲古堂，再现旧时桂剧表演，延续了桂林地方传统戏剧文化，保护了街区非物质文化遗产。

2. 街区历史保护与呈现效果

东西巷历史文化街区整体性保护更新项目实施之前，可以通过街区的部分历史建筑以及建筑材料了解街区的历史发展脉络和文化内涵，但同时也存在街区环境较差、建筑破损等多种现实问题。更新后的东西巷对部分物质文化及非物质文化进行了保护，恢复了街区传统历史风貌。

在街区发展脉络的保护与延续方面，更新后的东西巷几乎没有采取任何保护措施，只有历史建筑和历史文物的基本信息介绍，没有将街区发展脉络完整地串联起来。在街区故事的演绎与展示方面，东西巷历史街区整体性保护更新项目对代表性故事进行了保护，如讲古堂的桂剧演出、遗址广场的遗迹展示、状元廊的名人呈现等。东西巷街区博物馆本该是集中展示街区的场所历史发展脉络及历史故事，然而博物馆长期处于不开放状态，没起到应有的作用。总体而言，更新后的东西巷街区中具有代表性的历史文化和历史故事的保护与呈现效果较好，但是对街区发展脉络和民间故事的保护和呈现还有待加强。

八、街区地方文化的保护与传承

1. 街区地方文化保护与传承实践

东西巷历史文化街区整体性保护更新在地方文化保护和传承上既有亮点，也有不足。在传统手工艺的保护与推广方面整体效果平平。旧时东西巷中的传统手工艺主要有饮食制作、制笔、酿酒等技艺。经过百年的传承和演变，街区里出现了大量具有当地文化特色的老字号商铺，例如黄昌典毛笔店、熊同和药号、桂林天一栈豆腐乳作坊等。更新后的东西巷大量高营利性的现代商业入驻街区，传统老字号商铺被逐步替代，只有少量老字号商铺得以留存，例如桂林三花酒、桂林米粉等。东西巷历史文化街区在保护更新前原居民以汉族居多，在街区节庆文化方面保留着汉族传统节庆习俗。更新后的东西巷，街道功能属性改变，街区传统节庆文化也随之消失。同样令人遗憾的是街区里最有人情味的市井文化，也退出了百年老巷的历史舞台。

东西巷历史文化街区整体性保护更新在建筑文化的保护与传承方面表现较好，延续了街区的传统建筑风貌，让桂林特色建筑文化得以体现。修缮后的东西巷历史文化街区呈现了桂北合院式民居建筑、洋楼建筑、骑楼建筑等具有岭南特色的建筑形式，还原了东西巷鼎盛时期的各种建筑风貌。然而大量历史建筑修缮过后，建筑内部功能发生了质变，其中以商业功能和文化体验功能居多。

街区传统地方艺术的保护与传承方面，旧时东西巷街区的传统地方艺术主要以广东会馆和江南会馆组织表演的桂剧、彩调剧、文场等地方曲艺为主，具有浓重的地方艺术色彩。更新后的东西巷同样延续了地方戏剧表演的传统，原东巷4号古民居修缮后由“讲古堂”承租运营，其以桂剧表演为主，对街区传统地方艺术保护和传承起到了重要作用。

2. 街区地方文化保护与传承效果

东西巷历史街区整体性保护更新中街区地方文化保护与传承总体效果不佳，在街区传统手工艺和街区市井文化保护方面尤为明显。在街区传统手工艺的保护方面，东西巷保护更新仅仅保留了具有一定代表性的传统手工艺，如桂林米粉、桂林三花酒等，对于其他非物质文化遗产没有采取完善的保护措施，导致大量街区传统商铺逐渐消失。此外，更新前的东西巷历史文化街区中最具魅力的就是其市井气息，有小朋友在街区肆无忌惮地玩闹，有居民在公共空间攀谈等，整个街区充满了亲和力与生命力。更新后的东西巷原生居民全部迁出，街区从原本较为私密的居住街区变为开放的商业旅游街区，街区的市井文化也随之消失殆尽。对一个积淀了百年历史的街区而言，以现代商业文化替代市井文化，无疑是对历史街区地方文化的重创。总体而言，东西巷历史街区地方文化保护与传承效果并不明显，部分重点地方文化确实得以保留，但大量珍贵的地方文化却没有得到较好的保护。

九、街区生活文化的保护与延伸

1．街区生活文化保护与延伸实践

东西巷历史文化街区整体性保护中的街区生活文化保护体现在街区居民邻里关系、街区居民社交方式、街区居民生活方式和街区居民活动方式四个方面。街区生活文化保护的核心是街区居民，居民在街区的日常生活中创造了丰富的生活文化，如小孩在街道玩耍、老人在街边下棋等。在街区居民邻里关系方面，更新前的东西巷拥有融洽的街区邻里关系，邻居间经常聚餐、同一巷道的居民经常在公共空间攀谈等。这种融洽的邻里关系是街区原生居民通过几代人的交往而产生的，是街区难能可贵的宝藏。更新后的东西巷居住街区质变为商业街区，嘈杂的环境和昂贵的租金迫使居民不愿回迁，建筑与街区居住功能的转变，也使街区不具备让居民回迁的条件。在街区居民社交方式、生活方式、活动方式方面，东西巷历史文化街区有着较为质朴的民风，街区居民长期保持着桂林当地习惯。更新前的东西巷有很好的街区私密性，外人和游客很少进入街巷，静谧的环境使居民对街区产生了归属感和安全感。更新后的东西巷成为完全开放性的商业空间，街区原本静谧的环境被破坏。街区居民集体迁出，街区里原有的社交方式和生活方式也随之消亡，历史街区中原有的生活文化也不复存在。

2．街区生活文化保护与延伸的效果

东西巷历史文化街区整体性保护更新中街区生活文化保护和延伸效果较差，甚至街区原有的生活文化自街区更新后已经彻底消失。更新前的街区原生居民创造了丰富的生活文化，如融洽的邻里关系、多样的社交方式、传统的生活方式。更新后的东西巷历史文化街区成为旅游商业街区，大量游客前来游览。街区游客的干扰加上街区功能的转变，迫使居民不愿也不能回迁到东西巷中居住，因此街区的生活文化受到了不可逆转的伤害。从东西巷的发展历程来看，街区大部分时间是作为居住街区存在的，街区居民上下几代人都在街区里出生、成长。可惜的是，东西巷整体性保护更新项目将街区原生居民一次性迁出，这种保护方式虽然给城市经济发展带来了良好的效益，但是同时也让东西巷街区里原有的生活文化保护与延伸成为不可能。

十、街区历史名人文化的保护与推广

1. 街区历史名人文化保护与推广实践

东西巷历史上一直处于桂林市中心地段，自古就有不少达官显贵和文人居住于此，如魏继昌、岑春煊、谢和赓、龙氏兄弟等人。东西巷整体性保护更新中关于历史名人文化的保护与展示主要集中在状元廊的建设，以及对街区内历史名人住所进行的保护和修缮。状元廊是为连接逍遥楼和东西巷而建造的一座展示桂林状元文化的特色长廊。状元廊通过壁画、石雕等表现手法，展示古代科举文化和八位状元的风采。桂林的八状元分别是赵观文、裴说、王世则、李珙、陈继昌、龙启瑞、张建勋和刘福姚。其中具有代表性的人物为唐朝乾宁二年（895年）状元赵观文，他是广西第一位状元。清朝嘉庆二十五年（1820年）状元陈继昌则是科举史上的最后一位“三元及第”（表5-28）。状元廊不仅展示了桂林八状元的风采，也向游客讲述了桂林山清水秀、人杰地灵的城市故事。街区保护更新对名人的保护和展示大都停留在对其故居的保护与展示层面，例如马启邦公馆、岑家宫保第、龙氏故居等。令人遗憾的是，更新后的东西巷名人故居的内部功能大多也改为了商业和其他文化展示功能，对街区历史人物的故事、事迹及精神没有进行全面展示。

表5-28 东西巷历史名人文化展示表

时间	唐乾宁二年（895年）	清嘉庆二十五年（1820年）	清光绪十八年（1892年）
建筑及雕塑			
介绍	赵观文是广西历史上的第一位状元，是“桂州三才子”和“桂州五贤”之一	陈继昌因连中解元、会元和状元而名声大噪，故有“三元及第”之称，他也是科举史上最后一位“三元及第”状元	刘福姚是广西最后一位状元，他创作了大量伸张民族正义、反抗侵略的诗词，是晚清文坛“临桂词派”的台柱

2. 街区历史名人文化保护与推广的效果

更新后的东西巷历史名人文化保护与推广总体效果不尽如人意，对居住在街区里的历史名人保护较少。东西巷名人文化底蕴深厚，更新后的街区并没有体现街区名人事迹和名人精神。在保护手法上，只对名人故居进行保护和展示，忽视了名人本身的价值与文化内涵。状元廊最初是为了实现逍遥楼和东西巷的连接而建造的，其建设初衷并不是为了保护街区历史名人文化。而状元廊里展示的名人文化只有陈继昌与东西巷相关，其他则属于展示桂林名人文化，文化联系性不够紧密。总体而言，更新后的东西巷历史文化街区在街区历史名人文化保护与推广方面未有所突破。

十一、街区商业文化的保护与传承

1. 街区商业文化保护与传承实践

近代历史上的东西巷一直处于桂林市的商业繁华地段，主街沿线商铺林立，经营范围广泛。街区经过百年发展，形成了大量具有地方特色的老字号商铺，例如鸿庆隆糕点铺、黄昌典毛笔店、熊同和药号等。这些老字号店铺分布于街头巷尾，构成了东西巷宝贵的传统商业文化。更新后的东西巷对部分老字号商铺进行了保护与传承，更多的老字号商铺由于现代商业的大量引入而逐渐消失。通过对更新后的东西巷整体业态数据的统计可知，街区以餐饮店铺居多（表5-29），旅游特色产业次之，例如壮族纯银坊、老桂花铺、金顺昌、壮家坊手工特产店、银匠大师、金一黄金、明桂米粉等，而与街区历史文化相关的传统商业较少。更新后的东西巷融入了文化旅游功能，街区业态也随之改变。街区整体业态包括了现代商业和传统商业，可以分为基础业态、特色业态和高端业态。基础业态主要经营日用品、土特产、旅游活动必备的产品。特色业态从历史、文化、艺术、风情等多角度着手，经营特色产品，如特色酒吧、民宿、文化展示馆等。东西巷中特色业态与东西巷历史文化街区关联性不强，例如中国风服饰店铺、老北京冰糖葫芦店铺等，不能反映街区自身商业文化特征。高端业态主要为特定游客专门制定旅游服务或旅游商品，具有独特性、高附加值等特点。总体而言，街区业态呈现出依托基础业态带动特色业态、高端业态的特征。街区通过零售、餐饮、文化体验、休闲旅游、住宿等多种业态功能的构建，形成相互关联的整体业态链。然而，在追求商业业态分布合理性、利益最大化的过程中，街区商业类型逐渐向高利润产业靠拢，历史街区中特有的地域化商业文化、人情化经营氛围却慢慢消失不见。

表5-29 2020年东西巷街区业态分布数量统计 单位：个

业态 位置	餐饮	服饰	旅游特色产业	酒吧茶馆	酒店民宿	其他	歇业
一楼	48	7	33	12	1	16	34
二楼	21	0	1	5	0	2	1
三楼	10	0	0	0	0	0	1
四楼	0	0	0	0	1	0	10

2. 街区商业文化保护与传承效果

东西巷历史文化街区整体性保护更新在街区商业文化保护与传承方面效果不佳。原来街区内的传统老字号被大量高利润商业所替代，街区传统商业文化受到了直接性的冲击。2020年，东西巷历史文化街区中正阳路、遗址广场附近，客流量较大的店铺，每月租金为650～700元/m^2；位于东巷、江南巷，客流量中等的店铺，每月租金为500～600元/m^2；而客流量较少，藏于街区内部的商铺每月租金为450～550元/m^2。传统商铺利润率较低，街区昂贵的铺租也迫使街区传统商业无法继续经营，街区原有的传统老字号商铺纷纷搬离，街区传统商业文化面临逐步消亡的危险。

第八节

东西巷整体性保护与更新的成效

东西巷整体性保护更新项目主要包含两个层面，分别是物质层面与非物质层面，即街区景观与空间、街区历史与文化的保护更新。东西巷历史文化街区整体保护更新的效果良好，同时也存在诸多问题亟待解决。东西巷历史文化街区整体保护更新在街区环境、历史空间格局、建筑风貌等方面保护效果较好。总体上，保护更新后的街区整体环境得到很大的提升，街区基础设施得以完善，街区功能得以丰富；在街区空间保护方面，东西巷恢复了街区历史空间肌理，重塑了街区空间景观，强化了城市景观轴线关系；在建筑风貌保护方面，东西巷延续旧街区传统建筑风貌，保护与修缮了大量历史建筑、构筑物。

与此同时，更新后的东西巷也出现了新的问题。在街区功能方面，更新后的整个东西巷街区功能发生了质变，由商住街区质变为旅游商业街区，直接导致街区历史文化原真性丢失，街区文化生态系统被破坏，街区经过百年沉淀而产生的历史文化未能得到全面的保护；在建筑功能方面，街区大量建筑由居住功能质变为商业功能。

东西巷历史文化街区中历史与文化保护更新效果不尽如人意，由于街区原生居民的彻底迁出，直接导致了街区文化生态系统的破坏、街区地方文化和生活文化的消失。街区居民是东西巷历史文化发展的核心，一旦没有了原生居民在街区中生活，街区文化传承将举步维艰。

2020年8月10日至16日，笔者对东西巷进行了为期一周的考察与调研，具体统计了7天内9:00—21:00每小时的人流量及人群分布情况（表5-30）。东西巷游览人群主要分为外地游客和本地居民，调查中又将本地居民具体细分为成年人和青少年。数据表明，2020年8月10日至16日每日平均浏览人数为27724，其中19:00—20:00和20:00—21:00两个时间段人数最多，游客占比较高。根据东西巷9:00—21:00不同人群流量走势图可知，进入街区的外地游客占比较高，数值起伏弹性较高；本地居民人数数值起伏变化相对较小（图5-68）。由此可见，更新后的东西巷吸引了大量游客参观和消费，极大地促进了街区经济发展，让街区充满了活力。

然而，对于一座因山水闻名于世的旅游城市、历史文化名城来说，城市并不缺少一个旅游商业街区，而是缺少一条能够承载整个城市历史文化内涵的百年老街。

表5-30　东西巷9:00—21:00每小时平均人流量及人群分布统计表

时间	外地游客/人	本地居民/人		人流量/人
		成年人	青少年	
9:00—10:00	242	576	96	914
10:00—11:00	408	480	336	1224
11:00—12:00	792	528	744	2064
12:00—13:00	1056	362	961	2379
13:00—14:00	1440	357	808	2605
14:00—15:00	1704	312	744	2760
15:00—16:00	1032	482	605	2119
16:00—17:00	1320	408	480	2208

续表

时间	外地游客/人	本地居民/人		人流量/人
		成年人	青少年	
17:00—18:00	784	602	816	2202
18:00—19:00	1656	241	1024	2921
19:00—20:00	1832	576	840	3248
20:00—21:00	1448	312	1320	3080
合计	13714	5236	8774	27724

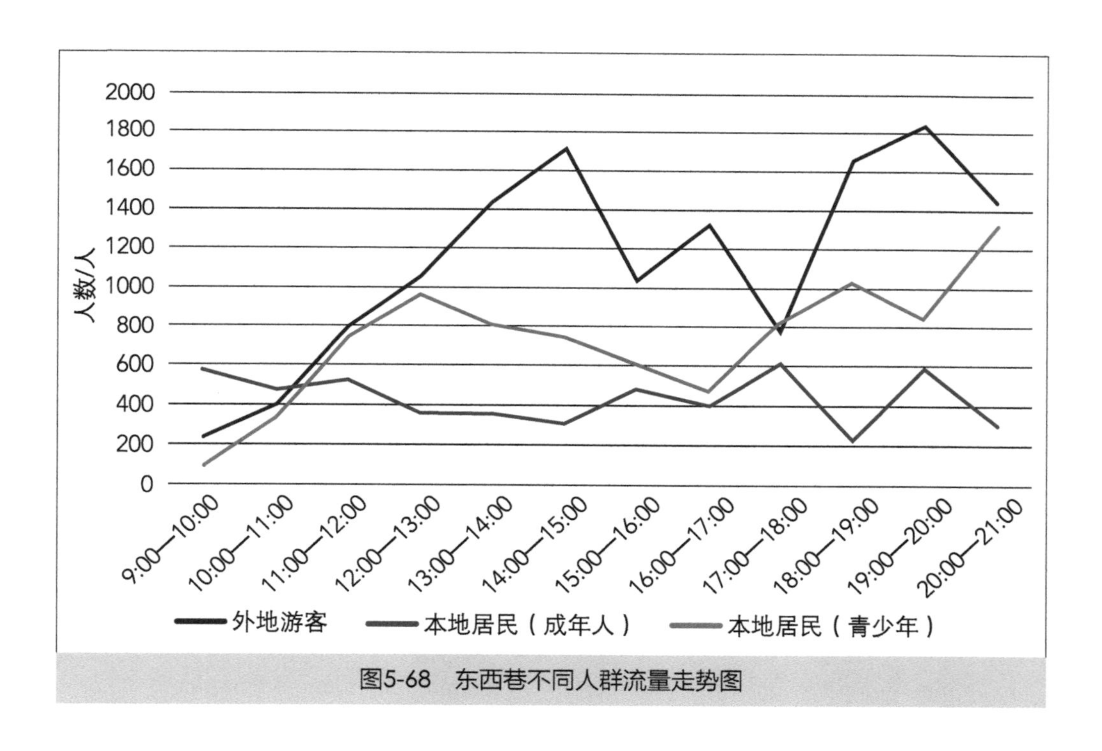

图5-68 东西巷不同人群流量走势图

第六章

城市历史文化街区整体性保护与更新评价

笔者通过实地考察，对我国历史文化街区保护更新情况有了全面的认知和了解。经过前后10年的调查研究，实地采集了20个城市30个历史文化街区的保护更新实施状况的有效信息，例如苏州平江路、成都宽窄巷、济南百花洲、广州永庆坊等，并于2012—2020年完成了桂林东西巷历史文化街区保护更新案例追踪研究。通过对城市历史文化街区保护更新的实施背景、实施策略、实施方法、实施效果等方面典型性与代表性的比较，选取桂林东西巷历史文化街区作为本次评价研究的代表案例，采用层次分析法（AHP）展开城市历史文化街区保护与更新评价研究。

第一节

城市历史文化街区整体性保护与更新的影响因素

对城市历史文化街区整体性保护更新产生影响的因素包括物质性与非物质性两个层面，即街区景观与空间、历史与文化的保护更新。街区中所蕴含的历史文化是街区之所以成为历史文化街区的基础，而街区中的建筑、空间、景观等则是街区历史与文化的外显。因此，对城市历史文化街区整体性保护与更新效果评价要从这两个方面出发。

1. 街区景观与空间保护更新的影响因素

城市历史文化街区景观方面的保护更新主要包括街区整体功能、街区空间、街区建筑、街区景观、街区历史文物等多个构成要素的保护与更新，即保护更新的物质性部分。

城市历史文化街区整体功能的保护与更新主要体现在街区基础功能、交通功能、生活功能、公共服务功能的保护性提升方面，街区整体功能的保护与提升是街区历史文化传承的基础；街区空间的保护与更新主要体现在街区材料、色彩、空间肌理、街道尺度的保护方面，街区空间的保护更新是街区历史结构保护的基础；街区建筑的保护更新主要体现在建筑功能、建筑风貌、建筑材料、建筑装饰以及建筑形制的传承与延续方面，街区建筑的保护更新是街区风貌保护的重要组成部分；街区景观的保护与更新主要体现在街区民俗节庆景观、生活景观、宗教景观、商业景观、历史文化景观的保护与再现方面，街区景观的保护更新是街区历史文化再现的环境支撑；街区历史文物保护主要体现在街区历史文物的保护、展示、再现等方面，街区历史文物保护是体现街区历史文化的物质核心。

2. 街区历史与文化保护更新的影响因素

城市历史文化街区历史与文化方面的保护更新主要包括街区文化生态系统、街区历史、街区地方文化、街区生活文化、街区历史名人文化及街区商业文化等多个构成要素的保护与更新，即街区保护更新的非物质性部分。

城市历史文化街区文化生态系统的保护主要体现在对街区居民、街区空间、街区文化及习俗的保护方面，街区文化生态系统的保护是对街区历史文化产生土壤的保护，是街区文化结构保护的核心；街区历史保护主要体现在对街区历史发展脉络、历史故事、历史事件的保护与呈现方面，街区历史保护是构成街区历史脉络延续与可持续发展的重要保障；街区地方文化保护主要体现在对城市传统手工艺、节庆文化、传统艺术、市井文化、建筑文化的保护性传承方面，街区地方文化的保护是对街区文化内涵的直接体现与传承；街区生活文化保护主要体现在对街区居民的生活方式、社交方式、邻里关系、活动方式的保护，街区生活文化的保护实质上是对历史文化街区与城市之间关系纽带的保护；街区商业文化保护主要体现在对街区传统商业在地性方面的保护，是街区非物质文化保护的重要组成部分；街区历史名人文化的保护主要体现在对街区历史名人形象、故事、精神方面的保护，是街区文化底蕴以及文化影响方面的保护。

第二节

城市历史文化街区
整体性保护与更新评价体系构建

1. 评价体系构建理论依据

城市历史文化街区的整体性保护与更新评价体系的建立涉及文化生态学、景观生态学、统计学、评价学、建筑学、规划学等多个学科知识的综合运用。因此，评价体系的构建需要一定的理论基础作为支撑。

首先，以与城市历史文化街区保护更新相关的有机更新理论、整体性保护与更新理论、原真性保护理论为基础，确定城市街区保护更新相关的评价指标；接着运用与统计学、评价学相关的层次分析评价理论构建城市历史文化街区评价框架。在合理分析评价对象的基础上，将评价对象划分为多个不同层面，形成相关的子系统，让每个细化内容都能使用具体的指标和数据来体现，最终完成城市历史文化街区整体性保护与更新效果的评价。

2. 专家咨询法的运用

“专家咨询法”又被称为“德尔菲法”，在评价体系建立的过程中常被运用于指标的选择和权重赋值。该方法通过向相关行业的专家和从事相关专业实践工作的人员发放问卷，征求相关指导意见，经过多次反馈和探讨，最终形成趋于统一的调查问卷结果。

城市历史文化街区整体性保护与更新评价指标将以对专家组进行问卷调查的形式来确定。专家组成员由对城市历史文化街区整体性保护更新较为了解的历史研究、景观研究、文化研究、建筑研究、规划研究、旅游推广以及长期从事历史街区保护更新设计的行业专家组成，总计17人。

本次评价指标体系的构建过程中，向专家发放三类问卷，第一类问卷用于对咨询专家的信息汇总，构建专家信息库，保证研究的权威性。第二类问卷用于确定评价指标，根据实地考察研究、案例追踪研究和文献研究初步确定评价指标体系；接着向专家咨询修改意见，当反馈结果趋于一致时，即确定为最终有效评价指标。第三类问卷用于评价体系中各指标的权重赋值，专家依据各指标相对的重要程度进行判断，给出重要程度评分，最后将问卷结果汇总，经一致性检验，形成最终评价体系的权重赋值。本次问卷调查，向17位专家发放问卷，获得14位专家的反馈，收回的有效问卷共14份，有效问卷反馈率已达到83%，能够较好地满足研究的数据要求。

3. 评价指标的初步选择与建立

对于城市历史文化街区整体性保护与更新的评价指标的建立，以我国颁布的《中华人民共和国文物保护法》（2017年修正）、《城市紫线管理办法》和《历史文化名城保护规划标准》（GB/T 50357—2018）中关于历史文化街区保护条文为基础，归纳总结出城市历史文化街区中关于街区景观保护更新的一、二级初步评价指标；同时依据历史街区的有机更新理论、整体性保护与更新理论、原真性保护理论，结合实地考察研究、案例追踪研究中发现的问题，归纳总结出城市历史文化街区中关于街区历史文化保护更新的一、二级初步评价指标（表6-1）。

表6-1 城市历史文化街区整体性保护更新一、二级初步评价指标汇总表

一级指标	整体二级指标
A街区景观与空间的保护与更新	街区功能的保护与提升
	街区空间的保护与更新
	街区建筑的保护与更新
	街区景观的保护与更新
	街区历史文物的保护与展示
B街区历史与文化的保护与更新	街区文化生态系统的保护
	街区历史的保护与呈现
	街区地方文化的保护与传承
	街区生活文化的保护与延伸
	街区历史名人文化的保护与推广
	街区商业文化的保护与传承

4．评价指标的最终确立

通过对专家共计四轮的反馈信息进行系统整合与梳理，在完成初级评价指标优化、修正的基础上，最终建立城市历史文化街区整体性保护与更新的评价指标体系。评价指标体系包括街区景观与空间的保护与更新、街区历史与文化的保护与更新2项一级评价指标。其中街区景观与空间的保护与更新包括街区整体功能的保护与提升、街区空间的保护与更新、街区建筑的保护与更新、街区景观的保护与更新、街区历史文物的保护与展示总共5项二级指标，以及二级指标下设的24项三级指标；街区历史与文化的保护与更新包括街区文化生态系统的保护、街区历史的保护与呈现、街区地方文化的保护与传承、街区生活文化的保护与延伸、街区历史名人文化的保护与推广、街区商业文化的保护与传承总共6项二级指标，以及二级指标下设的23项三级指标（表6-2）。

表6-2 城市历史文化街区整体性保护与更新评价指标体系

一级指标	二级指标	三级指标
街区景观与空间的保护与更新A	街区整体功能的保护与提升A1	街区基础服务功能的提升A1a 街区交通功能的保护与更新A1b 街区原有功能的保护与提升A1c 街区公共服务功能的保护与更新A1d 街区历史文化体验功能的提升A1e
	街区空间的保护与更新A2	街区空间色彩的延续A2a 街区空间材料的沿用A2b 街道天际线的保护与更新A2c 街区空间肌理的保护与更新A2d 街道尺度的保护与更新A2e 街区植物景观的保护与更新A2f
	街区建筑的保护与更新A3	街区建筑功能的保护与更新A3a 街区建筑风貌的保护与传承A3b 街区建筑材料的沿用A3c 街区建筑装饰的保护与应用A3d 街区建筑形制的保护与传承A3e
	街区景观的保护与更新A4	街区民俗节庆景观的传承A4a 街区生活景观的保护与更新A4b 街区历史景观的保护与更新A4c 街区宗教景观的保护与更新A4d 街区商业景观的保护与更新A4e
	街区历史文物的保护与展示A5	街区历史文物的保护A5a 街区历史文物的展示A5b 街区历史文物的再现A5c
街区历史与文化的保护与更新B	街区文化生态系统的保护B1	街区居民在地性保护B1a 街区空间多样性保护B1b 街区文化多样性保护B1c 街区居民习俗与活动的保护B1d
	街区历史的保护与呈现B2	街区发展脉络的保护与延续B2a 街区历史故事的演绎与再现B2b 街区历史事件的记录与展示B2c

续表

一级指标	二级指标	三级指标
街区历史与文化的保护与更新B	街区地方文化的保护与传承B3	街区居民宗教文化的保护B3a 街区传统手工艺的保护与推广B3b 街区节庆文化的保护与演绎B3c 街区传统地方艺术的保护与传承B3d 街区市井文化的保护与演绎B3e 街区建筑文化的保护与传承B3f
	街区生活文化的保护与延伸B4	街区居民邻里关系的保护B4a 街区居民社交方式的保护B4b 街区居民生活方式的延续B4c 街区居民活动方式的保护B4d
	街区历史名人文化的保护与推广B5	街区历史名人形象的保护B5a 街区历史名人故事的展示B5b 街区历史名人精神的推广B5c
	街区商业文化的保护与传承B6	街区传统商业文化的保护传承B6a 街区传统商业的在地性保护B6b 街区业态的保护与管理B6c

第三节

层次分析法的运用

城市历史文化街区整体性保护与更新研究涉及多个方面的问题，其影响要素庞杂，同时存在内部的递阶性联系。通过调研和文献梳理，将历史文化街区的研究过程系统化，利用层次分析法，可以对递阶性模型进行定量分析，并且建立评价模型体系。将影响城市历史文化街区整体性保护与更新效果的问题各项指标逻辑分层，构成一个多层递阶的评价结构模型，分别为目标层、准则层、决策层。分析过程中，获取定量数据，保证元素清晰。

建立完整的城市历史文化街区整体性保护与更新评价体系，需构建相应的层次模型。将复杂的问题按各元素的属性拆分成不同组成部分，并按照各元素之间的所属关系分出不同的层级。各个层级分别是上一层级的细化成分，同时也是下一层级的主导支配元素。最高层级只有一个，也是评价的目标层级，中间的层级分别是所属层级的判断依据。依据这一关系，本次研究指标层次结构如下。

目标层级：A 层，评价体系唯一目标，即城市历史文化街区整体性保护与更新效果评价。

一级层级：B 层，共两项评价指标，包括街区景观与空间的保护与更新和街区历史与文化的保护与更新。

二级层级：C 层，为目标层级，共包含与一级层级对应的11个评价指标，包括街区整体功能的保护与提升、街区空间的保护与更新、街区建筑的保护与更新、街区景观的保护与更新、街区历史文物的保护与展示、街区文化生态系统的保护、街区历史的保护与呈现、街区地方文化的保护与传承、街区生活文化的保护与延伸、街区历史名人文化的保护与推广、街区商业文化的保护与传承。

三级层级：D 层，为本次研究的准则层，一共包含与上一层级对应的47个相关指标。

在本次指标专家权重赋值过程中，采用的是1～9标度法，假设有i与j两元素相比较，该方法可以将评价指标模糊权重进行判断量化（表6-3）。

表6-3 评分标度法对照表

重要性标度意义	意义
1	i与j（同等重要）
3	i比j（稍微重要）
5	i比j（明显重要）
7	i比j（重要得多）
9	i比j（极端重要）
1/3	i比j（稍不重要）
1/5	i比j（明显不重要）
1/7	i比j（强烈不重要）
1/9	i比j（极端不重要）

同时，2，4，6，8，1/2，1/4，1/6，1/8表示重要性介于1，3，5，7，9，1/3，1/5，1/7，1/9之间。

RI（平均随机一致性指标）是多次重复进行随机判断矩阵特征值，经计算后取其平均数而得。表6-4为1～15维矩阵重负计算1000次的平均随机一致性指标：

表6-4 *RI*值对照表

维数	1	2	3	4	5	6	7	8
RI	0.00	0.00	0.52	0.89	1.12	1.26	1.36	1.41
维数	9	10	11	12	13	14	15	
RI	1.46	1.49	1.52	1.54	1.56	1.58	1.59	

CI（判断矩阵一致性指标），当满足公式：$CR=\frac{CI}{RI}<0.10$时，可视作此判断矩阵符合一致性条件，反之，则需要对判断矩阵模型进行适当调整。依据上述方法完成对各层次矩阵以及权重一致性的计算。

各级指标判断矩阵及一致性计算值如表6-5所示。

表6-5 各级指标一致性计算汇总表

指标	λ_{max}	*CI*	*RI*	*CR*（*CI*/*RI*）
街区景观与空间的保护与更新（A）	5.2596	0.0649	1.12	0.0580
街区整体功能的保护与提升（A1）	5.2942	0.0735	1.12	0.0657
街区空间的保护与更新（A2）	6.1548	0.0309	1.26	0.0245
街区建筑的保护与更新（A3）	5.1472	0.0368	1.12	0.0329
街区景观的保护与更新（A4）	5.4010	0.1002	1.12	0.0895
街区历史文物的保护与展示（A5）	3.0861	0.0430	0.52	0.0827
街区历史与文化的保护与更新（B）	6.5738	0.1147	1.26	0.0910
街区文化生态系统的保护（B1）	4.1567	0.0522	0.89	0.0587
街区历史的保护与呈现（B2）	3.0150	0.0075	0.52	0.0144
街区地方文化的保护与传承（B3）	6.2571	0.0514	1.26	0.0408
街区生活文化的保护与延伸（B4）	4.0562	0.0187	0.89	0.0210
街区历史名人文化的保护与推广（B5）	3.0019	0.0010	0.52	0.0019
街区商业文化的保护与传承（B6）	3.0453	0.0226	0.52	0.0435

各级指标一致性计算值都小于0.1，因此权重赋值计算成立。

第四节

城市历史文化街区整体性保护与更新指标权重

利用yaahpV10.3层次分析法的辅助计算软件，建立城市历史街区整体性保护与更新评价模型矩阵，然后将各项指标权重赋值数据整理后录入模型矩阵并运行软件进行计算，最终构建出城市历史文化街区整体性保护评价指标的权重体系（表6-6）。

表6-6 城市历史文化街区整体性保护与更新指标权重表

项目	对总目标权重	目标层项目	目标层权重	对总目标权重	准则性项目	目标层权重	对总目标权重
街区景观与空间的保护与更新A	0.3031	街区整体功能的保护与提升A1	0.0728	0.0221	街区基础服务功能的提升A1a	0.1391	0.0031
					街区交通功能的保护与更新A1b	0.1109	0.0024
					街区原有功能的保护与提升A1c	0.1601	0.0035
					街区公共服务功能的保护与更新A1d	0.2346	0.0052
					街区历史文化体验功能的提升A1e	0.3554	0.0078
		街区空间的保护与更新A2	0.0905	0.0274	街区空间色彩的延续A2a	0.0754	0.0021
					街区空间材料的沿用A2b	0.0960	0.0026
					街道天际线的保护与更新A2c	0.1281	0.0035
					街区空间肌理的保护与更新A2d	0.2472	0.0068
					街道尺度的保护与更新A2e	0.2375	0.0065
					街区植物景观的保护与更新A2f	0.2158	0.0059
		街区建筑的保护与更新A3	0.1199	0.0363	街区建筑功能的保护与更新A3a	0.0745	0.0027
					街区建筑风貌的保护与传承A3b	0.2070	0.0075
					街区建筑材料的沿用A3c	0.1204	0.0044
					街区建筑装饰的保护与应用A3d	0.1903	0.0069
					街区建筑形制的保护与传承A3e	0.4078	0.0148

续表

项目	对总目标权重	目标层项目	目标层权重	对总目标权重	准则性项目	目标层权重	对总目标权重
街区景观与空间的保护与更新A	0.3031	街区景观的保护与更新A4	0.2450	0.0743	街区民俗节庆景观的传承A4a	0.0705	0.0052
					街区生活景观的保护与更新A4b	0.1350	0.0100
					街区历史景观的保护与更新A4c	0.2868	0.0213
					街区宗教景观的保护与更新A4d	0.1902	0.0141
					街区商业景观的保护与更新A4e	0.3175	0.0236
		街区历史文物的保护与展示A5	0.4719	0.1431	街区历史文物的保护A5a	0.3290	0.0471
					街区历史文物的展示A5b	0.2953	0.0422
					街区历史文物的再现A5c	0.3758	0.0538
街区历史与文化的保护与更新B	0.6969	街区文化生态系统的保护B1	0.2273	0.1584	街区居民在地性保护B1a	0.1237	0.0196
					街区空间多样性保护B1b	0.2438	0.0386
					街区文化多样性保护B1c	0.4314	0.0683
					街区居民习俗与活动的保护B1d	0.2011	0.0318
		街区历史的保护与呈现B2	0.2368	0.1650	街区发展脉络的保护与延续B2a	0.5196	0.0857
					街区历史故事的演绎与再现B2b	0.2034	0.0336
					街区历史事件的记录与展示B2c	0.2770	0.0457
		街区地方文化的保护与传承B3	0.1997	0.1392	街区居民宗教文化的保护B3a	0.0390	0.0054
					街区传统手工艺的保护与推广B3b	0.1080	0.0150
					街区节庆文化的保护与演绎B3c	0.1090	0.0152
					街区传统地方艺术的保护与传承B3d	0.1479	0.0206
					街区市井文化的保护与演绎B3e	0.2219	0.0309
					街区建筑文化的保护与传承B3f	0.3741	0.0521
		街区生活文化的保护与延伸B4	0.0961	0.0670	街区居民邻里关系的保护B4a	0.0903	0.0060
					街区居民社交方式的保护B4b	0.1348	0.0090
					街区居民生活方式的延续B4c	0.3207	0.0215
					街区居民活动方式的保护B4d	0.4543	0.0304
		街区历史名人文化的保护与推广B5	0.1257	0.0876	街区历史名人形象的保护B5a	0.1853	0.0162
					街区历史名人故事的展示B5b	0.2341	0.0205
					街区历史名人精神的推广B5c	0.5806	0.0509
		街区商业文化的保护与传承B6	0.1145	0.0798	街区传统商业文化的保护与传承B6a	0.1238	0.0099
					街区传统商业的在地性保护B6b	0.6630	0.0529
					街区业态的保护与管理B6c	0.2132	0.0170

第五节

城市历史文化街区整体性保护与更新评价指标权重解析

城市历史文化街区整体性保护与更新评价体系中，评价指标的权重值能够直接反映出该指标对历史文化街区保护更新的重要性。在评价体系一级指标中，街区景观与空间的保护与更新权重值为0.3031，街区历史与文化的保护与更新值为0.6969（图6-1）。城市历史文化街区蕴含的历史文化是街区的内在核心，而街区景观与空间则是街区历史文化的外在体现，街区历史文化保护与更新的重要程度大于街区景观与空间的保护与更新。

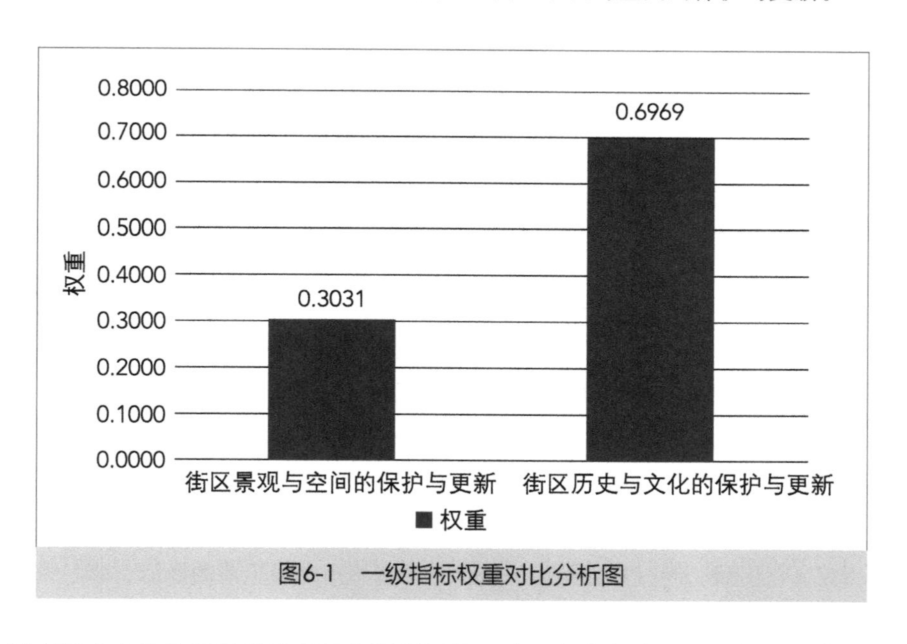

图6-1　一级指标权重对比分析图

城市历史文化街区整体性保护与更新评价11个二级指标中，总目标权重值排序依次是，街区历史的保护与呈现（0.1650）>街区文化生态系统的保护（0.1584）>街区历史文物的保护与展示（0.1431）>街区地方文化的保护与传承（0.1392）>街区历史名人文化的保护与推广（0.0876）>街区商业文化的保护与传承（0.0798）>街区景观的保护与更新（0.0743）>街区生活文化的保护与延伸（0.0670）>街区建筑的保护与更新（0.0363）>街区空间的保护与更新（0.0274）>街区整体功能的保护与提升（0.0221）。其中得分最高的是“街区历史的保护与呈现”和“街区文化生态系统的保护”，紧接其后的是“街区历史文物的保护与展示”。街区历史的保护是维持街区历史属性的本源，而街区文化生态系统是街区文化产生的根本，街区历史文物则是街区历史属性最直接的外在体现。因此，这三项二级指标尤为重要（图6-2）。

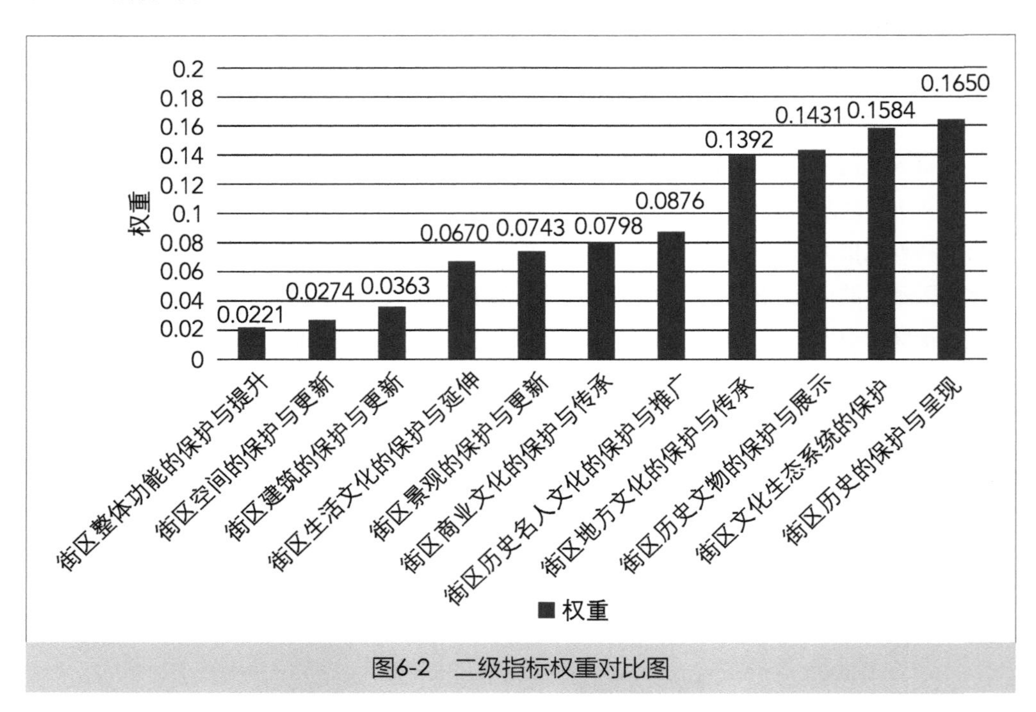

图6-2 二级指标权重对比图

城市历史文化街区整体性保护与更新评价的11个二级指标下设47个三级指标。第一个二级指标“街区整体功能的保护与提升”中有5个三级指标，其中专家认为重要性最高的是“街区历史文化体验功能的提升”，目标层权重值为0.3554，即占“街区整体功能的保护与提升”指标权重的35.54%。历史文化街区的主要功能是让进入街区的人群直接体验到街区的历史文化内涵，同时它也是历史文化街区在城市中最重要的职能。排名第二的是“街区公共服务功能的保护与更新”，目标层权重值达到了0.2346。街区公共服务功能的保护更新，能够提升街区整体服务功能，激发街区活力，同时让街区的更新跟上城市发展的脚步。其他3个指标为“街区原有功能的保护与提升”“街区基础服务功能的提升”“街区交通功能的保护与更新”，目标层权重值分别为0.1601、0.1391、0.1109。对于历史文化街区来说，原有街区功能、交通功能、基础功能保护可能会随时间的变化而改变，因此不能作为街区整体功能保护更新的最重要组成部分。

第二个二级指标“街区空间的保护与更新”中的6个三级指标，根据专家调研，和专家讨论反馈的意见来看，“街区空间肌理的保护与更新”和“街道尺度的保护与更新”两项指标的权重值较高，分别达到0.2472和0.2375，合计占所有6个指标权重的48%。街区空间肌理在历史文化街区的空间景观中占据最为重要的位置。历史文化街区的空间肌理关系是街区历史的沉淀，能够最直观地呈现街区历史发展脉络。如果街区空间肌理被破坏，将会直接导致历史街区的消亡。街道尺度能够让人们产生最直接的街区空间印象，是街区空间韵味的外显，因此“街道尺度的保护与更新”的目标层权重值也相对较高。

第三个二级指标“街区建筑的保护与更新”中有5个三级指标，其中“街区建筑形制的保护与传承”权重值高达0.4078。“街区建筑风貌的保护与传承”的目标层权重值为0.2070，体现出街区建筑风貌保护对街区建筑保护的重要性。建筑装饰、建筑材料、建筑功能保护更新相关指标的权重值分别为0.1903、0.1204、0.0745。相较于建筑风貌和建筑形制，建筑装饰、建筑材料、建筑功能的保护是建筑景观保护中的细节问题，其重要程度较小，因此权重值较低。

第四个二级指标“街区景观的保护与更新”中有5个三级指标，其中权重值最高的是“街区商业景观的保护与更新”，目标层权重值为0.3175，体现出专家将商业景观视为街区景观的主要代表。因为商业景观与传统商业、传统手工艺有直接联系，形式上互动性较强。商业景观的保护提升可以直接渲染出历史商业街区的文化氛围。“街区历史景观的保护与更新”目标层权重值为0.2868，仅次于“街区商业景观的保护与更新”。历史景观可以在形式上、装饰上进一步体现出街区历史、文化特征。“街区宗教景观的保护与更新”“街区生活景观的保护与更新”“街区民俗节庆景观的传承”目标层权重值较低。专家认为宗教景观、生活景观以及民俗节庆景观虽为街区景观的一部分，但不是街区景观中的主体。

第五个二级指标“街区历史文物的保护与展示”中有3个三级指标，目标层权重值相对比较平均，分别为0.3758、0.3290、0.2953。专家认为历史文物景观的保护、展示、再现三者同样重要。通过景观空间的营造手法，对街区现存历史文物进行保护和展示是突出街区历史特征的重要手段。对街区中被破坏或消失的文物景观进行再现是突出街区历史特征的有力补充。

第六个二级指标“街区文化生态系统的保护”下有4个三级指标，其中“街区文化多样性保护”目标层权重值达到0.4314。“街区空间多样性保护”得分较前者稍低，权重值为0.2438。“街区居民在地性保护”目标层权重值最低，仅为0.1237。当前城市街区保护更新过程中居民迁移现象十分常见，加上城市发展对历史文化街区有降低人口密度的要求。因此，专家认为部分街区原居民的迁出对文化生态系统保护影响不大。笔者认为，历史文化街区部分居民的外迁属于街区人口流动范围，而街区居民因街区保护性改造一次性全部迁出，会对街区文化生态系统带来毁灭性影响。“街区居民习俗与活动的保护”目标层权重值为0.2011。居民习俗和活动作为街区习俗文化的直接体现，居民和游客可以直接参与到活动当中，因此对街区文化生态系统的保护可以起到直接作用。

第七个二级指标“街区历史的保护与呈现”中有3个三级指标。本级指标各项权重值差别较大，分值最高的是“街区发展脉络的保护与延续”，目标层权重值为0.5196，“街区历史事件的记录与展示”和“街区历史故事的演绎与再现”权重值较低，分别为0.2770、0.2034。历史文化街区发展的每个时间节点都有独特的时代印记，比如街区中会同时存在各个时期不同形式、不同风格的历史建筑，能够直观地体现出街区历史发展脉络的历史特征。相对来说，历史事件和历史故事的呈现和展示是街区历史保护的次要部分，重视街区历史发展脉络的保护有利于促进街区的可持续发展。

第八个二级指标“街区地方文化的保护与传承”下有6个三级指标，其中目标层权重值最高的是“街区建筑文化的保护与传承”，分值达到0.3741。街区建筑文化是地方文化的代表，能够直接体现出历史文化街区的文化特征。权重分值次之的是“街区市井文化的保护与演绎”，权重值为0.2219。市井文化是地方文化的源头与核心，只是因其直观性和体验性稍有不足，所以权重值稍低。权重值较低的是“街区传统地方艺术的保护与传承”“街区节庆文化的保护与演绎”“街区传统手工艺的保护与推广”三项指标，得分为0.1479、0.1090、0.1080。因为地方艺术、节庆文化、传统手工艺是地方文化的次要组成部分，受众面的广度稍有不足，仅能代表地方文化的某一方面，因此权重值低于前两项指标。“街区居民宗教文化的保护”指标权重值不高，仅为0.0390。街区居民宗教文化对街区地方文化影响不大，某些历史文化街区内完全没有宗教文化的存在。

第九个二级指标“街区生活文化的保护与延伸”下有4个三级指标，其中目标层权重值最高的是“街区居民活动方式的保护”，权重比例接近一半，达到0.4543。街区居民活动形式、活动内容极具城市地域文化特色，居民活动方式的保护有利于历史街区生活文化的延伸。相对而言，“街区居民社交方式的保护”和“街区居民邻里关系的保护”指标权重值较低，仅为0.1348和0.0903。居民社交方式、邻里关系是随着城市、社会发展不停变化的。只要街区居民继续存在，居民社交方式、邻里关系自然得以续存。

第十个二级指标“街区历史名人文化的保护与推广”下有3个三级指标，其中目标层权重值最高的是“街区历史名人精神的推广”，权重比例超过一半，达到0.5806。权重值较低的是“街区历史名人故事的展示”和“街区历史名人形象的保护”，权重比例为0.2341和0.1853。街区历史名人精神是名人文化的核心，而名人故事和名人形象仅是名人精神推广的形式载体。加强街区名人精神的推广有利于树立历史文化街区形象，提升街区的对外吸引力和历史文化内涵。

第十一个二级指标“街区商业文化的保护与传承”下有3个三级指标，权重分值最高的是“街区传统商业的在地性保护”，权重比例接近三分之二，权重值为0.6630。“街区业态的保护与管理”和“街区传统商业文化的保护与传承”两项指标的权重值仅为0.2132和0.1238。历史文化街区的商业文化保护主要体现在街区内原有传统商业的续存，例如老字号店铺、传统手工艺店铺等。街区业态的保护和管理主要受街区运营的影响，对街区商业文化的保护与传承方面贡献度不高。街区传统商业文化的保护容易流于形式，因此重要性同样低于传统商业的在地性保护。

第六节

桂林东西巷历史文化街区整体性保护与更新评价

通过问卷调查的方式，可以直接了解桂林东西巷历史文化街区整体性保护与更新的效果与状况。向桂林居民、外来游客以及专家发放调查问卷，掌握人们对于桂林东西巷历史街区的保护更新效果满意度的一手资料。在此基础上分析桂林东西巷保护更新中的优点与不足，为街区可持续性保护更新策略的制定提供可量化的数据支持。

1. 桂林东西巷历史文化街区整体性保护与更新效果满意度调查

根据城市历史文化街区整体性保护与更新评价指标体系，结合桂林东西巷保护更新的特点制定了调查问卷，将评价指标转化为可供打分评价的问题。对于桂林东西巷整体性保护与更新评价而言，需以街区中历史文化保护与传承为核心，结合街区景观与空间、历史与文化的保护更新要点设置调查问卷。根据上述原则，将桂林东西巷整体性保护与更新各项可量化指标的评定值定为5个等级，即“1、2、3、4、5”，分别代表“非常不满意、不满意、一般、满意、非常满意”。依据评价原则和评分标准，制定了完整的“桂林东西巷整体性保护与更新满意度调查问卷”。本次调研的对象确定为桂林本地居民、外来游客，以及对东西巷历史街区保护更新较为熟悉的专家。针对民众的调查，采用在东西巷历史街区现场发送、回收网络调查问卷的形式进行；针对专家的调查，采用发送网络调查问卷的方式完成调查。最终，在桂林东西巷实地发送民众调查问卷300份，回收291份，其中有效问卷273份；发送专家调查问卷17份，回收14份，有效问卷14份。调查问卷数据显示，前往东西巷历史街区参观休闲的以年轻人为主，受访者的年龄段主要在21～30岁（图6-3），比例为66.84%；受访专家的年龄段在31～40岁的比例为41.67%，41～50岁的比例为50%，专家经验丰富，调研数据的可靠性和真实性更强（图6-4）。由于被调查者个人认知有所差异，因此在统计过程中，综合所有人的评价，每项取平均分，并计算出评分标准差，了解评分者存在的分歧（表6-7）。

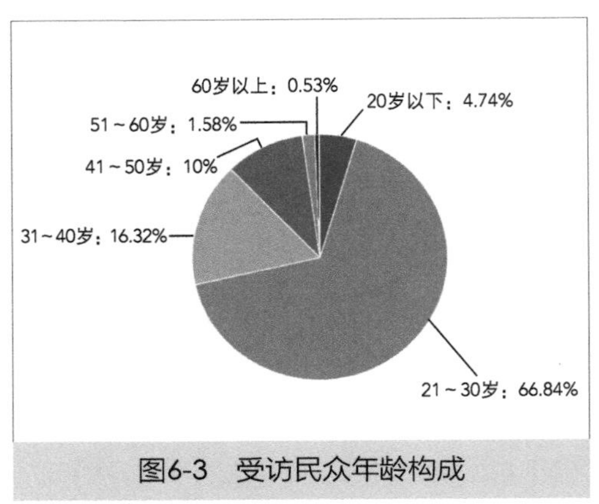

图6-3　受访民众年龄构成

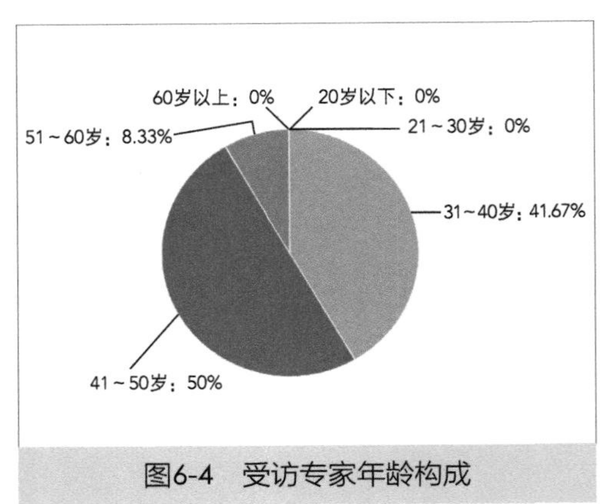

图6-4　受访专家年龄构成

表6-7　桂林东西巷整体性保护与更新满意度调查问卷得分表

一级指标	民众打分	标准差	专家打分	标准差	二级指标	民众打分	标准差	专家打分	标准差	三级指标	民众打分	标准差	专家打分	标准差
街区景观与空间的保护与更新	3.52	0.77	3.04	0.72	街区整体功能的保护与提升	3.43	0.80	3.05	0.92	街区基础服务功能的提升	3.51	0.81	3.37	0.75
										街区交通功能的保护与更新	3.40	0.89	3.29	1.03
										街区原有功能的保护与提升	3.35	0.86	2.58	0.86
										街区公共服务功能的保护与更新	3.46	0.85	3.12	0.68
										街区历史文化体验功能的提升	3.42	0.86	2.91	0.75

续表

一级指标	民众打分	标准差	专家打分	标准差	二级指标	民众打分	标准差	专家打分	标准差	三级指标	民众打分	标准差	专家打分	标准差
街区景观与空间的保护与更新	3.52	0.77	3.04	0.72	街区空间的保护与更新	3.51	0.82	3.24	0.68	街区空间色彩的延续	3.63	0.78	3.31	0.70
										街区空间材料的沿用	3.64	0.78	3.23	0.79
										街道天际线的保护与更新	3.48	0.92	3.61	0.70
										街区空间肌理的保护与更新	3.57	0.84	3.27	0.64
										街道尺度的保护与更新	3.29	0.83	3.25	0.72
										街区植物景观的保护与更新	3.42	0.87	2.75	0.72
					街区建筑的保护与更新	3.65	0.78	3.21	0.68	街区建筑功能的保护与更新	3.75	0.88	2.91	0.81
										街区建筑风貌的保护与传承	3.58	0.84	3.41	0.91
										街区建筑材料的沿用	3.61	0.81	3.27	0.83
										街区建筑装饰的保护与应用	3.63	0.85	3.29	0.57
										街区建筑形制的保护与传承	3.68	0.85	3.17	0.72
					街区景观的保护与更新	3.41	0.88	2.89	0.72	街区民俗节庆景观的传承	3.53	0.88	3.02	0.83
										街区生活景观的保护与更新	3.32	0.88	3.06	0.57
										街区历史景观的保护与更新	3.52	0.84	2.65	0.72
										街区宗教景观的保护与更新	3.41	0.92	3.14	0.64
										街区商业景观的保护与更新	3.27	0.93	2.58	0.74

续表

一级指标	民众打分	标准差	专家打分	标准差	二级指标	民众打分	标准差	专家打分	标准差	三级指标	民众打分	标准差	专家打分	标准差
街区景观与空间的保护与更新	3.52	0.77	3.04	0.72	街区历史文物的保护与展示	3.58	0.92	2.83	0.79	街区历史文物的保护	3.51	0.85	2.81	0.82
										街区历史文物的展示	3.74	0.87	2.75	0.64
										街区历史文物的再现	3.48	0.94	2.92	0.49
街区历史与文化的保护与更新	3.38	0.82	2.75	0.75	街区文化生态系统的保护	3.23	0.95	2.64	0.59	街区居民在地性保护	2.92	0.92	2.56	0.74
										街区空间多样性保护	3.51	0.88	3.03	0.64
										街区文化多样性保护	3.19	0.89	2.45	0.64
										街区居民习俗与活动的保护	3.32	0.89	2.53	0.84
					街区历史的保护与呈现	3.47	0.84	2.58	0.72	街区发展脉络的保护与延续	3.42	0.88	2.66	0.62
										街区历史故事的演绎与再现	3.45	0.95	2.50	0.76
										街区历史事件的记录与展示	3.54	0.87	2.58	0.64
					街区地方文化的保护与传承	3.35	0.85	2.96	0.64	街区居民宗教文化的保护	3.17	0.90	3.11	0.27
										街区传统手工艺的保护与推广	3.27	0.87	2.75	0.43
										街区节庆文化的保护与演绎	3.18	0.85	3.13	0.59
										街区传统地方艺术的保护与传承	3.57	0.87	3.01	0.59
										街区市井文化的保护与演绎	3.42	0.92	2.51	0.72
										街区建筑文化的保护与传承	3.49	0.86	3.25	0.70

续表

一级指标	民众打分	标准差	专家打分	标准差	二级指标	民众打分	标准差	专家打分	标准差	三级指标	民众打分	标准差	专家打分	标准差
街区历史与文化的保护与更新	3.38	0.82	2.75	0.75	街区生活文化的保护与延伸	3.52	0.90	2.55	0.55	街区居民邻里关系的保护	3.42	0.87	2.66	0.47
										街区居民社交方式的保护	3.66	0.81	2.41	0.64
										街区居民生活方式的延续	3.46	0.84	2.45	0.64
										街区居民活动方式的保护	3.53	0.84	2.68	0.47
					街区历史名人文化的保护与推广	3.32	0.85	3.12	0.58	街区历史名人形象的保护	3.23	0.84	3.15	0.49
										街区历史名人故事的展示	3.22	0.84	2.98	0.49
										街区历史名人精神的推广	3.51	0.84	3.22	0.43
					街区商业文化的保护与传承	3.39	0.90	2.63	0.62	街区传统商业文化的保护传承	3.54	0.89	2.66	0.74
										街区传统商业的在地性保护	3.59	0.92	2.58	0.64
										街区业态的保护与管理	3.04	0.82	2.65	0.94

2. 东西巷历史文化街区保护更新满意度评价比较

东西巷历史街区整体性保护与更新下设2个一级指标。在街区景观与空间的保护与更新效果方面，民众与专家看法在方向上趋于一致，评分分别为3.52和3.04，总体持正面态度。在街区历史与文化的保护与更新效果方面，民众与专家看法差异性较大，民众认为街区的历史文化韵味体现较好，评分为3.38；专家认为街区的历史文化并没有得到较好的保护传承，评分仅为2.75。

东西巷历史文化街区在街区景观与空间保护更新层面的5项二级指标的满意度评分上，民众评分全面高于专家评分（图6-5）。

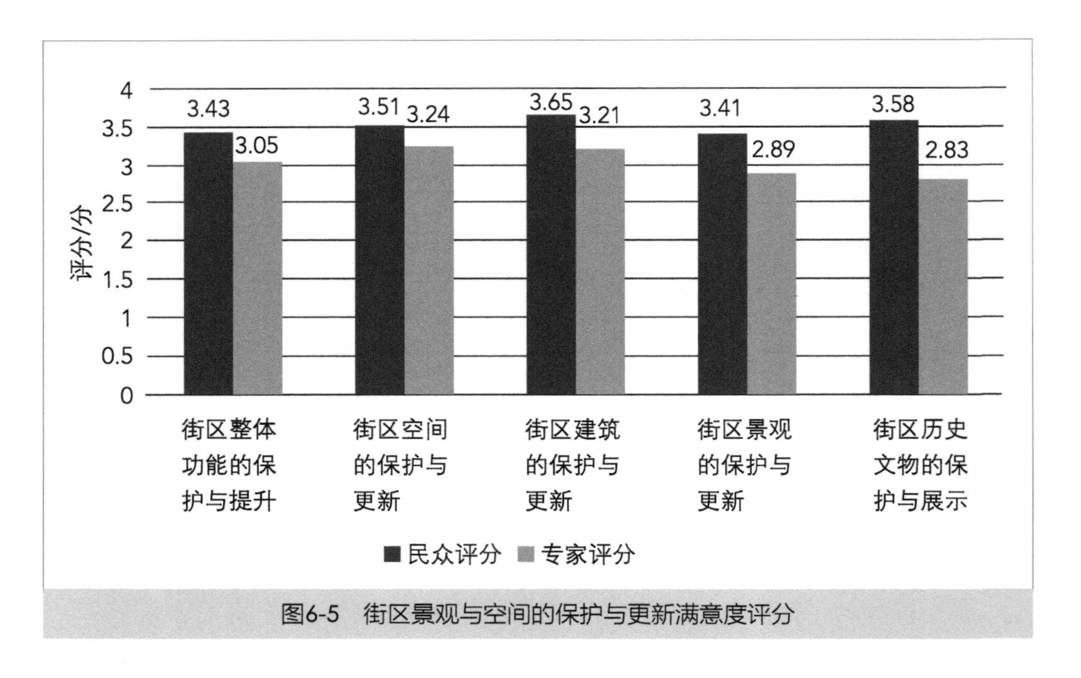

图6-5 街区景观与空间的保护与更新满意度评分

东西巷历史文化街区在街区历史与文化保护更新层面的6项二级指标的满意度评分上，普通民众评分同样全面高于专家评分。专家评分中有5项指标都低于3分（一般）的平均线，由此可以看出专家对街区历史文化保护更新的整体满意度不高（图6-6）。

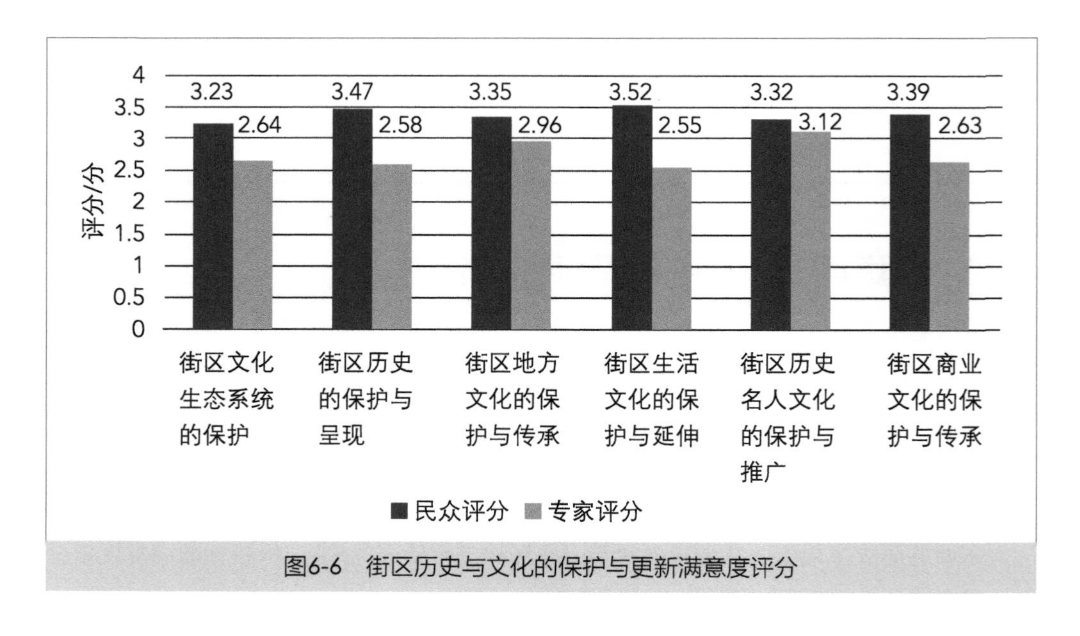

图6-6 街区历史与文化的保护与更新满意度评分

3. 东西巷历史文化街区保护更新效果评价

将东西巷整体性保护与更新问卷调查所得的普通民众和专家评分统计整理之后，分别导入权重值进行二次计算，得到相对应的计算得分。权重值导入后计算出来的得分可以更客观地体现出桂林东西巷历史文化街区整体性保护与更新的实际效果。

从普通民众的评价权重计算得分结果来看，得分最高的是“街区建筑的保护与更新”，分值为3.65分（接近满意）；得分最低的是“街区文化生态系统的保护”，分值为3.26分（接近一般），两者之间分差为0.39分。从各项指标权重计算结果分布来看，民众对街区景观保护更新方面评价相对较高，而对街区历史文化保护更新方面评价较低，说明民众认为街区的历史文化保护工作有所欠缺。桂林东西巷历史文化街区整体保护更新项目经过8年的开发运营，逐渐失去了街区特有的历史文化属性，成了一个旅游景点和商业街区。普通民众对东西巷的保护更新效果整体评价不高（图6-7）。

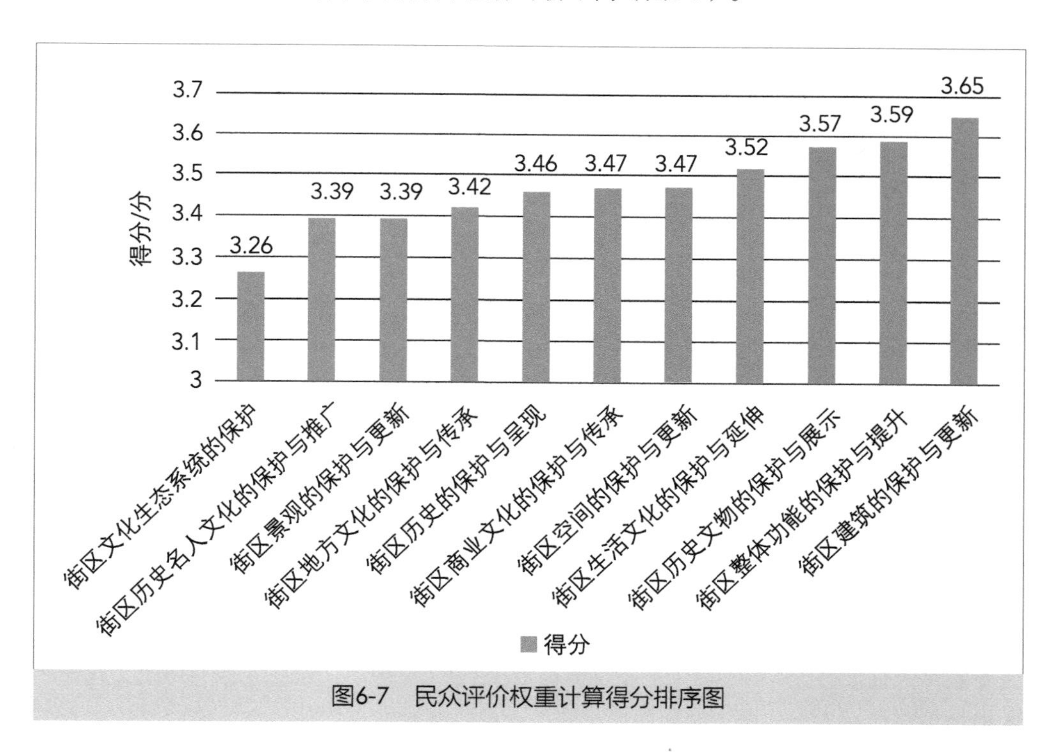

图6-7 民众评价权重计算得分排序图

专家和普通民众评价权重计算得分差异性较大，得分排序也有所变化。专家评价权重计算得分最高的同样是“街区建筑的保护与更新”，分值为3.24分（高于一般）；得分最低的是“街区生活文化的保护与延伸”，分值为2.57分（接近一般），两者之间分差为0.67分。专家评价权重计算得分整体低于普通民众评价权重计算得分，评价相对比较负面。分值大于3分的指标主要集中在街区景观保护更新方面，而街区历史文化保护中有4项指标的评分集中在2.57～2.62分之间，评价趋于不满意。总体来看，专家认为街区的保护更新在历史文化保护方面有重大缺陷（图6-8）。

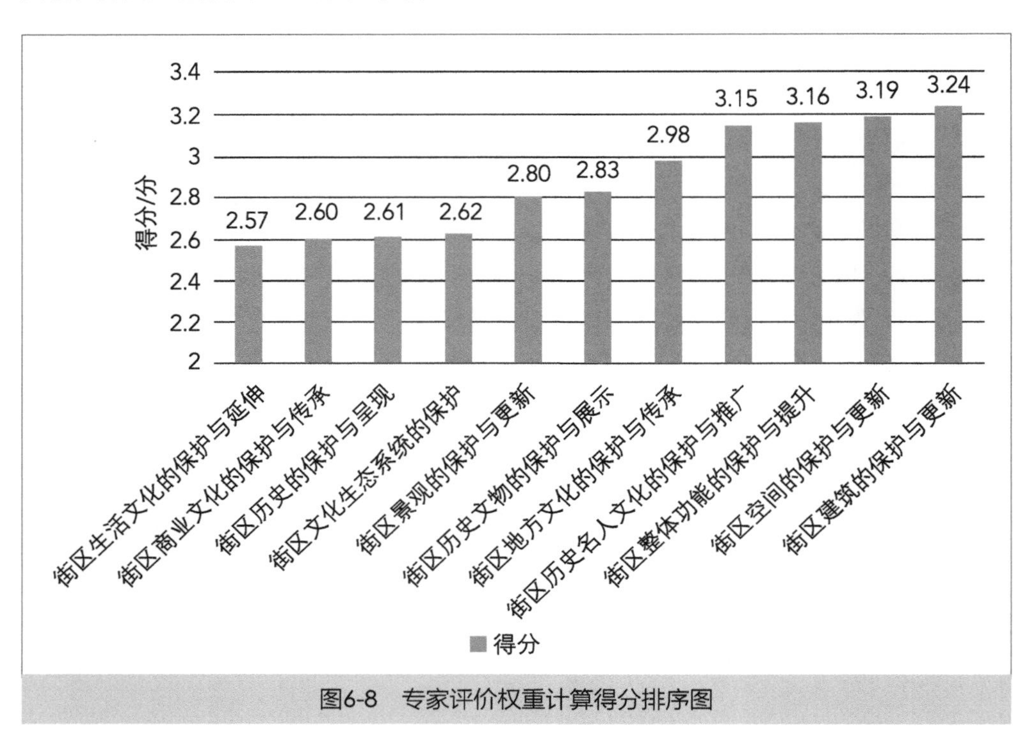

图6-8　专家评价权重计算得分排序图

从民众与专家评价综合来看，东西巷整体性保护与更新的效果并不尽如人意。由于对街区经济效益的追求，导致街区功能属性本质上发生变化，街区居民被迫外迁，街区文化生态系统被严重破坏；由于街区全盘商业化的运营，让街区原生性传统商业也受到了冲击，均价在550元/m^{2}左右的月租让传统老字号几乎无法在街区中继续生存，街区的历史属性与文化内涵并未在保护更新中得到较好的延续。在所有指标的权重计算得分中，与历史文化保护相关的指标分值都偏低。所有指标的分值没有任何一项达到4分（满意），尤其是专家评价权重得分有60%以上的指标分值低于3分（一般）。可见东西巷历史文化街区的保护更新存在不少问题，例如街区生活文化保护延续效果不佳、街区商业文化传承不足、街区历史的保护与呈现有所欠缺，这需要在街区后续的保护更新工作中予以重视和改进。

由于东西巷街区的保护更新更注重在景观与空间层面提升，对街区历史与文化层面的保护没有深挖，街区保护更新整体上缺乏统一性和协调性，因此专家评价权重计算得分为

2.8003分，民众评价权重计算得分为3.4370分，分值都不高（图6-9）。总体上看，专家对街区保护更新效果持负面态度，而民众的整体评价也不高。城市历史文化街区的保护更新重点是对街区历史文化的传承与延续，而桂林东西巷历史文化街区的保护更新在历史文化保护方面还需要继续改进、提升。

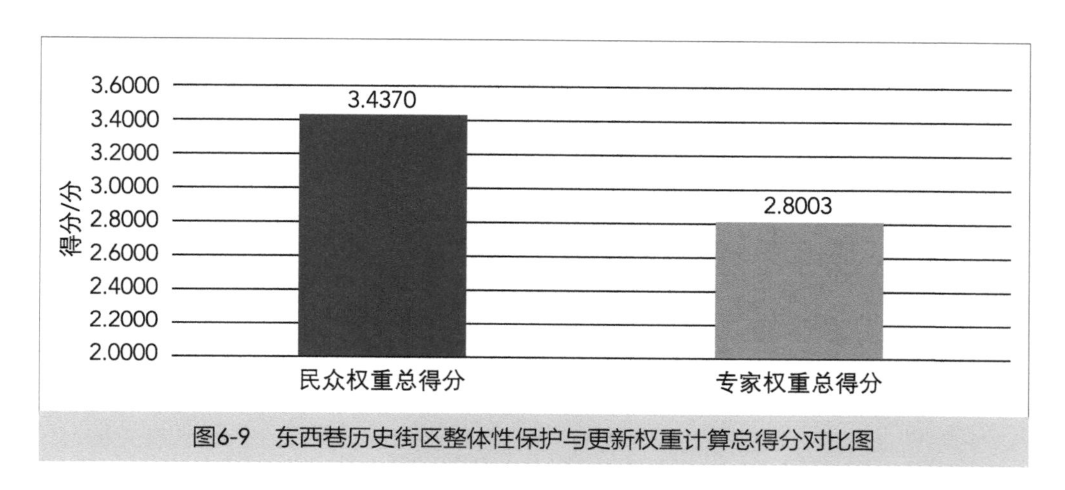

图6-9　东西巷历史街区整体性保护与更新权重计算总得分对比图

第七章

城市历史文化街区整体性保护与更新策略

通过对桂林东西巷历史文化街区保护更新案例的追踪性研究，我们找出了造成城市历史文化街区保护更新中问题的成因，并提出城市历史文化街区整体性保护与更新的策略，以期这些让历史文化街区沿着自身发展脉络，继续演绎出新的历史与文化。

第一节

城市历史文化街区保护与更新实践共性问题成因

目前，我国城市历史文化街区的整体性保护与更新从项目立项到实施都面临诸多问题和困难。1990—2010年间，对历史街区的全面开发和整体改造最终造成了大量历史街区的消亡。近10年来，我国完成保护性修缮或者保护性更新的城市历史文化街区又多以营利性商业街区的面貌呈现在人们眼前。在客观上，历史文化街区的保护更新呈现出功能同质化、历史文化不突出等新的现象。城市历史文化街区保护与更新目标单一，会带来历史街区中文化根脉退化、消亡的恶果。研究发现，历史街区保护更新中同质化现象是在多重因素共同作用下产生的。

1. 政策与资金支持力度不足

国家、地方相关法律政策都明确指出了历史文化名城保护的核心在于对城市历史文化街区的保护，但是街区保护资金来源不够明确。虽然有文件提及由国家、地方、个人共同出资，然而对于国家、地方、个人出资比例并没有相关法律做规定。对历史文化街区的保护来说，街区在基础功能设施、建筑质量状况、公共环境等各个方面都有欠缺，街区的保护更新所需的投入资金巨大，各级地方政府目前很难提供充足的资金对历史文化街区的保护更新给予全面支持。

城市历史街区保护更新是一项长期的工作，需要大量可保障且不计较经济收益的资金进行持续性投入，但是政府能够提供的资金相对有限，只能引入社会资本为历史文化街区的保护提供经济支持。社会资本看重的是资金的投入产出时效比，而将历史街区更新为城市商业街区是最直接的获利方式。因此，历史文化街区保护资金的不足是造成历史街区保护更新目标单一、街区同质化严重的根本原因之一。

2. 历史文化保护与经济效益之争

城市历史街区大多数位于城市市中心位置，土地价值年年提升，一些地方政府因为将城市经济效益摆在了首位而进行土地出让，这是造成1980—2000年间，不断有历史文化街区消亡的主因。2000—2010年，多地政府意识到历史文化街区土地一次性出让无异于杀鸡取卵，为了获得长期的城市经济收益，又掀起了历史文化街区商业改造的热潮。近年来，地方政府对于城市历史文化的保护越来越重视，在城市历史文化街区的保护与更新政策中反复强调地方文化保护的重要性，将城市历史文化的保护放在经济收益之前，历史文化街区被拆除开发的现象基本上已经杜绝。由于城市地方财政能够用于历史文化街区保护的资金有限，将历史文化街区更新为商业性街区仍然是主要选择。商业性街区为了吸引顾客，对街区建筑、景观、肌理等方面的保护更新较为重视，实施情况良好。而街区非物质性的历史文化保护由于无法产生直接的经济效益，保护更新力度相对较弱。城市历史文化街区中物质性与非物质性保护更新是一个有机整体，仅重视物质性的保护更新会直接导致街区保护更新整体失衡的现象发生。

3. 街区更新实施难度大

街区居民自行出资在历史文化街区保护范围申请修建、修葺自有建筑的行为，需要经过当地相关主管部门的审批，居民个人申请通过难度较大。历史文化街区逐步修缮虽然可以减少一次性资金投入量，但是由于街区建筑衰败严重、产权不明晰、施工难度大、实施过程扰民、经济投入产出效益低等问题，导致政府更倾向于采取成片分区的方法对历史文化街区进行保护与更新。城市历史文化街区长期处于修缮实施状态，会直接影响到街区的正常运行以及居民的正常生活，也会造成街区居民之间不必要的矛盾。因此，小规模、渐进式的“有机更新”理论在历史文化街区保护更新的落实上有一定难度。

4. 街区保护主导权的博弈

在历史文化街区保护更新项目资金不足的情况下，常常采用引入商业资本的方法为街区保护提供资金补充；当资金缺口较大时，商业资本成为主要资金来源，资方的话语权大大增强。商业投资都以谋求利益最大化为投资目标。目前政策下，政府具有项目审批权，历史文化街区的保护更新在政府主导下推进和完成。地方政府在历史文化街区保护更新中的诉求是既追求街区历史文化保护、城市名片打造，也追求历史文化街区活化后所带来的长期经济效能，而资方诉求的主要是经济效益。双方的诉求之间既有共同点，也存在分歧，所以双方既是合作方也是博弈方。在项目实施过程中，资方需要尽量节约成本，在最短经济周期内收回成本获取利益，而政府更愿意达到历史文化保护与城市经济提升双丰收的效果。因此，资方与政府之间常常产生主导权之间的博弈争夺状况。甚至某些历史文化街区保护项目，资方会突破街区保护规划中建筑面积与高度红线限制，采取先建设后审批的违规方法获得更大的经济回报。笔者在调研中发现，当历史文化街区保护更新主导权在政府掌控下时，街区历史文脉保护与活化情况较好；如果是资方获取项目实际主导权，历史文化街区演变成商业街区的可能较大，进而会陷入历史与文化原真性丢失的危险境地。

5. 街区居民与专家话语权不足

我国著名历史文化街区保护领域的专家阮仪三先生在接受采访中提出，历史文化街区中历史资源与文化价值的留存表现在街区居民之间的互动上，而居民之间的互动状态依附在街区物质形态上的观点。历史文化街区中居民才是创造城市文化与历史的主体。然而，在城市历史文化街区保护与更新中，街区居民是弱势群体，在街区保护更新中几乎没有决策权。项目方为了便于街区的经营管理，大多采取将街区原生居民迁出的策略。

街区居民对街区保护更新项目的参与仅限于对补偿款项不满意提出诉求，而对街区保护提出的其他要求几乎都很难引起重视，大部分街区居民被迫搬离历史文化街区去别处安家生活。即使有部分居民能够在街区更新后回迁，由于历史文化街区的过度商业化，居民生活便利性减弱，加之游客干扰、高价租金诱惑，大部分居民在数年内逐渐搬离街区。街区居民以及居民与街区空间的互动才是历史文化生长的土壤，一旦街区原生居民批量迁出，街区中的历史文化势必受到不可逆转的伤害，街区中的文化生态系统会直接崩溃。但是，目前专家学者们只能为街区保护更新的主导方提供专业建议，几乎没有话语权和决策权。

由此可见，城市历史文化街区商业化改造不能成为街区保护与更新的唯一目标和实施路径。但是，当前城市历史文化街区的保护更新项目或多或少带有商业性目的，追求经济性收益。资本的进入为城市历史文化街区的保护更新带来资金，让历史街区的复兴得以实现，但是同时也带来了一定的影响。对历史文化街区来说，街区文化历史是街区经济收益的内核，是人们愿意进入街区感受历史、体验文化的主要原因。城市历史文化街区一旦失去了历史文化底蕴，街区也就变成了建筑躯壳简单堆砌的集合体。历史文化街区保护更新在商业上的成就，不能代表城市历史文化街区在整体性保护与更新上的彻底成功。

第二节

城市历史文化街区整体性保护与更新的策略

本节将针对城市历史文化街区保护与更新的事实状况，在具体分析城市历史文化街区保护与更新实践共性问题成因的基础上，提出城市历史文化街区整体性保护与更新的具体原则、措施与方法。

1. 城市历史文化街区整体性保护与更新原则

城市历史文化街区整体性保护与更新首先需要明确保护与更新的具体原则。街区保护与更新要保证以人为本原则、多方参与原则、目标多样性原则、整体性保护更新原则、原真性保护原则得以落实。

（1）以人为本原则

我国城市历史文化街区保护与更新中对街区原生居民的在地性保护不足。街区文化生态系统的完整、街区历史文化的延续都不可能离开街区原生居民而存在。街区居民是历史街区历史文化可持续发展的基础。因此，城市历史文化街区的保护更新需要遵循以人为本的原则，尊重街区居民的意愿，改善居民居住环境，保证居民在历史街区中继续生活的权利。

（2）多方参与原则

城市历史文化街区的保护更新需要遵循多方参与原则，保证各方利益诉求，而不是保证单方利益。相对而言，街区居民在街区保护更新项目中是弱势群体，因此街区保护更新项目的实施需要倾听多方的建议与诉求，尤其是居民诉求。城市历史文化街区的保护需要在当地政府的主导下，确保居民参与，引导企业投资，鼓励专家献策，真正确保多方参与原则得以践行。

（3）目标多样性原则

城市历史文化街区保护更新需要遵循目标多样性原则，避免历史街区保护更新效果同质化现象发生。历史文化街区的保护更新应当在符合城市发展的大框架下予以实施。因此要在城市多元文化的引导下，在尊重历史街区原有功能的基础上赋予其新的社会功能属性，保证城市历史文化得以传承。

（4）整体性保护更新原则

城市历史文化街区保护更新需要遵循整体性保护更新原则，街区景观空间与街区历史文化保护更新并重。从桂林东西巷历史文化街区整体性保护更新的评价上可以直接看出，街区景观空间保护更新较好，而街区历史文化的保护有所欠缺。因此，城市历史文化街区的保护更新不但要重视物质性保护更新，更需要在非物质性保护更新上予以重视。街区的历史文化是历史街区的本质与内核，而街区景观空间则是历史文化的载体与外显，街区的保护更新应当将两者视为一个整体，彼此兼顾并重。

（5）原真性保护原则

城市历史文化街区的保护更新应当遵循原真性保护原则，保护街区景观、空间、历史、文化的真实性。城市历史街区的“原真性”不但包括建筑形式、空间尺度、环境景观、街道功能等物质形态的历史真实，也包括街区地域文化、商业文化、市井文化、饮食文化等非物质形态的文化真实。因此，街区的原真性保护需要将街区物质形态和非物质形态同时纳入保护范畴。

2. 城市历史文化街区整体性保护与更新措施

（1）确定保护更新主体

城市历史文化街区整体性保护与更新首先需要明确保护更新主体。历史街区保护更新的目标是让街区的历史文化得以延续，街区得到可持续的发展。历史文化街区中的居民是街区历史与文化的创造者，而街区中的文化生态系统则是街区历史文化诞生的土壤。因此，城市历史文化街区的保护更新首先要保护生活在街区中的居民，才能让街区历史得以延续，文化得以发展。

（2）完善保护与更新条例

城市历史文化街区整体性保护与更新需要各级政府构建、完善街区保护更新条例，明确街区保护更新的范畴与实施方法。要在国家制定的保护法规、条例基础上，结合城市自身特点，建立或完善城市级别的保护条例，确保街区保护与更新的落到实处。

（3）明确多方责权

城市历史文化街区整体性保护与更新需要明确多方责权。首先确保街区居民回迁的权利；其次确定政府主导权，街区保护更新以社会效益为重；然后引入商业资本作为街区保护更新的资金补充，兼顾历史街区的经济效益；最后构建街区保护更新项目专家库，赋予专家一定的建议与决策权。

其中最重要的是，城市历史街区保护与更新实施中，各级政府应当进一步重视对历史文化的保护，重视历史街区保护所带来的社会效益和宣传效益。街区保护过程中，政府有效地把握街区建设主导权，可以为历史文化街区中历史文脉活化延续提供有效保障。为了实现对城市街区的有效保护与更新，各级地方政府也在进行不懈的努力和探索，例如以非货币的形式加大资源投入力度；利用城市其他土地转让权益换取资方对历史街区保护更新的资金投入；以历史文化街区原真性保护为核心，充分利用周边地区开发权益换取资方对历史街区保护更新的资金投入。

（4）树立多样性目标

城市历史文化街区整体性保护与更新应当符合城市发展的需求。历史文化街区保护更新目标应当多样化，例如可以将街区更新为城市文化体验场所、城市历史展示场所、城市历史文化演绎场所等，而不应当将历史文化街区商业化改造作为唯一的选择。城市历史文化街区应以历史文化为载体，讲好城市“历史文化故事”，增强城市居民的文化认同、文化自信，最终成为一张闪亮的城市历史文化名片。

（5）构建整体性保护与更新机制

城市历史文化街区的保护与更新应当在确定街区景观与空间、街区历史与文化保护更新方法的基础上，综合考虑街区业态分布、经济指标、保护模式、运营模式等多重要素，结合历史文化街区整体性保护更新评价体系，构建具有自我完善和调整能力的整体性保护更新机制，确保历史街区得到可持续的保护与更新。

3. 城市历史文化街区景观与空间保护更新方法

（1）街区整体功能的完善

城市历史文化街区整体功能的完善，指的是在原有街区功能基础上进行提升，而不是人为地彻底改变街区功能性质。首先需要对街区基础服务设施进行质的提升，让街区居民生活质量有所保障，使之变成城市中宜居街区的典范；其次，根据街区中的街巷划分，强化街区内部的步行交通功能，让历史文化街区中的“慢生活”成为可能；然后，充分利用街区中的“碎片化”场地构建街区公共空间，丰富街区公共生活，让街区中邻里关系、生活习惯得以维系，街区民俗文化得以保存。此外，历史文化街区还需要注重街区历史、文化体验功能的加强。例如，将街区中的历史建筑改建为街区博物馆，或者将传统民居改建为体验性民宿，让街区中的游客能够深度体验到历史文化街区中的历史文化底蕴与生活文化的温馨。

（2）街区空间肌理的保持

城市历史文化街区的街巷空间有曲径通幽之美。街区空间肌理的保持首要任务是对被违章建筑侵占的街巷进行清理，恢复街区空间流动性。街区在保护修建过程中，尽可能地沿用街区原有建筑材料，保持街巷材质与色彩方面的协调统一。对于需要大量重建或者复建的历史文化街区，设计者需要对街区原有街道尺度、街巷的宽高比予以尊重。对于街巷宽度、街区建筑高度进行控制性修建，保持历史文化街区特有的此起彼伏、重峦叠嶂的街区天际线。

（3）街区建筑风貌的延续

历史文化街区中的建筑独具特色，尤其是街区中民居建筑的风貌别具一格。在街区保护更新中，注意保护修缮街区民居建筑，有助于街区整体风貌的延续。在保护与修缮街区传统建筑的过程中，将街区中的建筑按照完好程度进行分类，分别按照采用维持原状、植筋加固、修葺改建等方法，因地制宜地进行保护修缮。对于较为完好的建筑予以保留，尤其是具有历史价值的传统建筑，采用“微修缮”的方法，用相同的材料在破损部位进行点对点的加固，力求完整保持建筑原有形象。针对现状破损较为严重，但具有一定人文价值的建筑，采用修旧如旧的修缮手法，酌情选用现代建筑材料，在保持建筑文脉的基础上予以改善性修建。针对损毁严重或者与街区整体风貌不符的违规建筑进行拆除，并依据整体规划和传统风貌进行新建或改建。总体上，不论是历史建筑还是新建建筑，都需要对街区传统建筑风貌予以重视。街区建筑形式不是一成不变的，尤其是新建建筑，需要在尊重与延续传统建筑文脉的基础上进行创新性设计与建造。

（4）街区景观的活化

历史文化街区中的景观分为人文景观与物化景观。其中街区人文景观更能反映出街区的文化底蕴。历史文化街区人文景观包括民俗文化景观和生活景观，它们都是以街区居民生活与活动为基础的活态景观。街区保护过程中保持街区居民生活习惯，为其提供维系日常生活、公共生活的空间，可以让街区人文景观活化成为可能。历史文化街区物化景观主要包括街道历史景观、装饰景观等。对于历史景观宜采用保持原样的方法进行保护。街道装饰景观如街道家具、街道装饰摆件等，可以大量利用街区历史文化元素进行多样化设计，达到丰富街区景观细节的目的。

（5）街区历史文物的保护与展示

街区历史文物是构成城市历史文化街区的基础。街区历史文物保护应当参照国家法规执行。在妥善保护文物的基础上，文物的展示成为重点。对于有重要历史价值的文物建筑进行原址保护；对于能够充分体现出街区厚重历史的文物尽量在街区中予以展示；对于普通历史建筑文物可以在保持历史建筑的文化底蕴的基础上，对其功能进行局部改造，合理性地利用与展示。

4. 城市历史文化街区历史与文化保护与更新方法

（1）街区文化生态系统的维系

城市历史文化街区文化生态系统的保护与维系的基础在于对街区原居民的在地性保护。现阶段，历史文化街区保护更新在执行层面需要摒弃以“街区商业开发”为主要目标的惯性思维。一旦历史文化街区彻底变为商业区域，势必会造成街区空间单一、文化单

一、业态单一等一系列问题。街区文化生态系统中的“生态核”、“生态基”、“生态库”及“生态链”将遭到不可逆的破坏。诚然，历史文化街区保护更新需要大量资金的投入，完全拒绝商业资金的介入也不切实际，况且商业资本也能够为历史街区注入澎湃的活力。因此，需要在对居民的在地性保护与街区商业开发中找到平衡，达到共赢。目前，北京历史文化街区实行的房屋腾退政策在一定程度上可以解决以上的问题。居民可以自由选择继续在街区中居住，还是接受补偿后外迁。如此一来，既可以降低历史文化街区的人口密度，又能够保证历史文化街区特有的文化生态系统的有效运转。腾空的街区传统民居建筑可以做商业化改造，其经营性收入可作为街区保护更新投资的收益。有居民的历史文化街区，其居民生活习惯、民俗活动才能得以保持，街区空间多样性、文化多样性才能得到呈现。

（2）街区历史的呈现

城市历史文化街区历史特征的呈现核心在于如何将街区历史发展脉络、历史故事予以展现。街区历史展现的手法包括街区历史文物的展示、街区历史文化故事的演绎。在历史文化街区保护更新中引入空间叙事学理论，选取有代表性的历史故事，通过街区景观小品主题营造、街区空间界面彩绘、街区文化活动的演绎等手法，向进入街区的游客讲述街区历史发展故事，让街区的历史生动地呈现在人们眼前。

（3）街区地方文化的传承

城市历史文化街区是城市地方文化展示最好的舞台。邀请具有地域代表性的非物质文化传承人在街区中开设以传承传统手工艺为目的，同时兼顾经营的传统商业店铺，可达到传统技艺传承与传统商业文化保护的双重目的。此外，街区管理者可以利用街区中公共场所，定期组织节庆文化活动、地方曲艺展演活动，为城市地方文化的保护与传承贡献力量。

（4）街区生活文化的延伸

街区整体功能完善和街区居民的在地性保护是城市历史文化街区生活文化延伸的基础。居住型历史文化街区的文化底蕴就隐藏在街区居民的生活方式、活动方式、社交方式当中。为街区居民提供便利的生活条件，提供必要的公共活动场所，吸引游客来街区中居住，体验街区中人与人之间的关系与温情，街区生活文化自然能够得以保护与延伸。

（5）街区历史名人文化的推广

城市历史文化街区名人文化推广是增强街区知名度的有效手段。对街区名人的宣传重点是名人故事，以及故事中包含的积极向上的人文精神。街区宣传的名人故事需要审慎筛选，以历史故事、红色故事为佳。可以通过人物雕塑展示、文字宣传、故事讲述、历史影像呈现等方式，立体展示名人文化、名人精神，以及在街区中发生的历史与人物故事。

（6）街区商业文化的发展

城市历史文化街区商业文化的发展建立在街区业态合理的规划与管理基础之上。居住型历史文化街区应当保留为居民提供日常生活供给的服务型商业，例如百货小店、传统餐饮等，既能够保护街区传统商业文化，也能够使街区更具人情味和烟火气。商住型历史文化街区需要重视对传统手工艺业态的维护，对不具备地域性特征的商业零售、餐饮、娱乐等业态给予一定的控制，避免街区过度商业化。在历史文化街区保护区域，尤其要对商业进行严格管理，对传统商业给予保护，促进传统商业文化的发展；对历史文化街区周边区域进行合理的商业开发则能保证历史文化街区保护更新的整体有效收益。

参考文献

[1] 王景慧，阮仪三，王林．历史文化名城保护理论与规划[M]．上海：同济大学出版社，1999：58.

[2] 张松．城市笔记[M]．上海：东方出版中心，2018：123.

[3] 陈志华．保护文物建筑及历史地段的国际宪章[J]．世界建筑，1986（03）：13-14.

[4] 曾纯净，罗佳明．威尼斯宪章：回顾、评述与启示[J]．天府新论，2009（04）：87.

[5] 陈志华．介绍几份关于文物建筑和历史性城市保护的国际性文件（二）[J]．世界建筑，1989（04）：73-76.

[6] 丁沃沃．再读《马丘比丘宪章》——对城市化进程中建筑学的思考[J]．建筑师，2014（04）：18-26.

[7] 傅岩，石佳．历史园林："活"的古迹——《佛罗伦萨宪章》解读[J]．中国园林，2002（03）：74-78.

[8] 林源，孟玉．《华盛顿宪章》的终结与新生——《关于历史城市、城镇和城区的维护与管理的瓦莱塔原则》解读[J]．城市规划，2016（03）：46-50.

[9] 徐桐．《奈良真实性文件》20年的保护实践回顾与总结[J]．世界建筑，2014（12）：106-107.

[10] 陆地．对原真性的另一种解读——《圣安东尼奥宣言》译介[J]．建筑师，2009（02）：47-52.

[11] [美]凯文·林奇．城市意象[M]．方益萍，何晓军，译．北京：华夏出版社，2001：23-25.

[12] [加]简·雅各布斯．美国大城市的死与生[M]．金衡山，译．南京：译林出版社，2006：22-30.

[13] [英]史蒂文·蒂耶斯德尔，[英]蒂姆·希思，[土]塔内尔·厄奇．城市历史街区的复兴[M]．张玫英，董卫，等译．北京：中国建筑工业出版社，2006：8-20.

[14] 阮仪三．我国历史文化名城的保护[J]．城市发展研究，1996（01）：14-17.

[15] 张松．中国历史文化名城保护规划的得与失[J]．中国文化遗产，2004（03）：131-132.

[16] 龙元．汉正街——一个非正规性城市[J]．时代建筑，2006（03）：136-141.

[17] 黄焕，Bert Smolders，Jos Verweij．文化生态理念下的历史街区保护与更新研究——以武汉市青岛路历史街区为例[J]．规划师，2010（05）：61-67.

[18] 吴良镛．北京旧城与菊儿胡同[M]．北京：中国建筑工业出版社，1994：67-69.

[19] 单霁翔．历史文化街区保护[M]．天津：天津大学出版社，2015：63-67.

[20] 罗哲文，等．关于中国特色文物古建筑保护维修理论与实践的共识——曲阜宣言[J]．古建园林技术，2005（04）：4-5.

[21] 李弥．日本文物建筑保存活用计划的编制及其启示[J]．自然与文化遗产研究，2019（11）：135-140.

[22] 王景慧．日本的《古都保存法》[J]．城市规划，1987（05）：23-26.

[23] 严国泰，朱夕冰．历史街区“文脉”保护规划研究——解读苏州平江历史街区文化遗产[J]．中国园林，2014（11）：82-84.

[24] 肖承波，等．宽窄巷子的保护改造[J]．四川建筑科学研究，2011（01）：87-90.

[25] 邓云波．桂林城最后的老巷：2013影像档案[M]．桂林：广西师范大学出版社，2015：6-7.

[26] 姚糖，蔡晴．两部《雅典宪章》与城市建筑遗产的保护[J]．华中建筑，2005（05）：31-33.

[27] 邱杨，等．景观生态学的核心：生态学系统的时空异质性[J]．生态学杂志，2000（02）：42-49.

[28] 钟年，李鸿文．人类学关于环境与生活类型的研究[J]．广西民族研究，2001（01）：23-26.

[29] 边宝莲，曹昌智．历史文化名城的形态保护与文脉传承[J]．城市发

展研究，2009（11）：133-138，132.

[30] 韩卫成，等. 基于功能复兴的历史文化名城整体保护方法研究——以山西省孝义古城为例[J]. 城市发展研究，2017（12）：15-19.

[31] 张红艳. 沙市胜利街历史文化街区保护和改造规划探讨[J]. 规划师，2012（S2）：53-56.

[32] 邵宁. 以文化生态为核心的历史街区有机更新——以高邮盂城驿街区为例[J]. 华中建筑，2016（04）：118-121.

[33] 刘贝，邓凌云. 城市“文化自信”战略下的城市总体规划编制研究——以长沙市为例[J]. 中外建筑，2018（10）：85-88.

[34] 宋晓龙，黄艳. “微循环式”保护与更新——北京南北长街历史街区保护规划的理论和方法[J]. 城市规划，2000（11）：59-64.

[35] 梁乔. 历史街区保护的双系统模式的建构[J]. 建筑学报，2005（12）：36-38.

[36] 杨涛. 历史性城市景观视角下的街区可持续整体保护方法探索——以拉萨八廓街历史文化街区保护规划为例[J]. 现代城市研究，2014（06）：9-13，30.

[37] 陆翔. 北京传统住宅街区渐进更新的途径[J]. 北京规划建设，2001（03）：20-21.

[38] 黄建文，等. 复杂网络理论视角下的历史街区微更新实效性初析——以江门长堤历史街区为例[J]. 城市发展研究，2019（01）：1-7.

[39] 李剑华，司方慧. 基于文化生态学的禹州市西大街南街区保护与更新策略研究[J]. 建筑与文化，2018（06）：69-70.

[40] 路方芳. 日本历史文化遗产保护体系概述[J]. 华中建筑，2019（01）：9-12.

[41] 孙洁. 日本文化遗产体系（上）[J]. 西北民族研究，2013（02）：99-112.

[42] 周详. 以川越为例探讨日本历史街区的保护与社区营造[J]. 南方建筑，2017（06）：94-99.

[43] 赵彦，等. 关于我国历史文化街区保护因子的研究——基于中、美、法对比角度[J]. 城市发展研究，2012（12）：140-144.

[44] 叶如棠. 在历史街区保护（国际）研讨会上的讲话[J]. 建筑学报，

1996（09）：4-5.

[45] 张松．历史文化名城保护制度建设再议[J]．城市规划，2011（01）：46-53.

[46] 许骁，等．被“遗忘”的城市角落：对常熟历史街区衰败的思考[J]．人文地理，2015（06）：72-76，159.

[47] 林林，阮仪三．苏州古城平江历史街区保护规划与实践[J]．城市规划学刊，2006（03）：45-51.

[48] 王慧．历史街区保护价值观在城市发展进程中的变化研究——以济南历史街区改造为例[J]．建材与装饰，2019（22）：100-101.

[49] 徐康颖．多元参与模式下历史文化街区更新改造策略对比分析——以济南明府城百花洲街区及宽厚里为例[J]．居舍，2019（35）：19-20.

[50] 邵承阳，等．济南曲水亭街古街区空间形态研究[J]．建材与装饰，2019（06）：91-92.

[51] 谭俊杰，等．广州市恩宁路永庆坊微改造探索[J]．规划师，2018（08）：62-67.

[52] 蔡云楠，等．城市老旧小区“微改造”的内容与对策研究[J]．城市发展研究，2017（04）：29-34.

[53] 梅文兵．“微改造”模式下传统老旧社区可持续性更新的思考——以广州永庆坊社区建设实践为例[J]．建材与装饰，2019（02）：78-79.

[54] 邓云波．桂林东、西巷街区的形成及其名称变迁考[J]．桂林师范高等专科学校学报，2013（03）：50-53.

[55] 曾慧群．基于层次分析法的住宅小区功能结构研究[J]．科技广场，2007（08）：247-249.

[56] 杨志德．风景园林设计原理[M]．武汉：华中科技大学出版社，2011：15-16.

[57] [俄]O．N．普鲁金．建筑与历史环境[M]．韩林飞，译．北京：社会科学出版社，1997：21-25.

[58] [美]罗杰・特兰西克．寻找失落的空间——城市设计的理论[M]．朱子瑜，译．北京：中国建筑工业出版社，2008：32-36.

[59] [英]克里夫・芒福汀．街道与广场[M]．张永刚，陈卫东，译．北

京：中国建筑工业出版社，2004：16-18.

[60] [英]史蒂文·蒂耶斯德尔，等. 城市历史街区的复兴[M]. 张玫英，董卫，译. 北京：中国建筑工业出版社，2006：8-20.

[61] [美]马克·戈特迪纳，[英]莱斯利·马德. 城市研究核心概念[M]. 邵文实，译. 南京：江苏教育出版社，2013：14.

[62] [美]维卡斯·梅赫塔. 街道：社会公共空间的典范[M]. 金琼兰，译. 北京：电子工业出版社，2016：16-18.

[63] [美]丹尼尔·约瑟夫·蒙蒂，等. 城市的人和地方：城市、市郊和城镇的社会学[M]. 杨春丽，译. 南京：江苏教育出版社，2017：33-40.

[64] 方可. 当代北京旧城更新：调查·研究·探索[M]. 北京：中国建筑工业出版社，2000：195-196.

[65] 张松. 历史城市保护导论：文化遗产和历史环境保护的一种整体性方法[M]. 上海：上海科学技术出版社，2001：150-151.

[66] Spiro Kostof. The City Assembled：The Elements of Urban From Through History[M]. London：Bulifnch Press. 1972（12）：159-269.

[67] 桂林经济社会统计年鉴编委会. 桂林经济社会统计年鉴2019[M]. 北京：中国统计出版社，2019：144.

[68] 桂林市档案馆. 百年光影：桂林城市记忆[M]. 桂林：广西师范大学出版社，2012：63.

[69] [日]芦原义信. 街道的美学[M]. 尹培桐，译. 天津：百花文艺出版社，2006：46.

[70] 张炳江. 层次分析法及其应用案例[M]. 北京：电子工业出版社，2014：16.

[71] 王颖. 历史街区保护更新实施状况的研究与评价——以云南历史街区为例[D]. 南京：东南大学，2015：1-2.

[72] 侯鑫. 基于文化生态学的城市空间理论研究——以天津、青岛、大连为例[D]. 天津：天津大学，2004：30-32.

[73] 杨箐丛. 历史性城市景观保护规划与控制引导——《维也纳备忘录》对我国历史城市的启示[D]. 上海：同济大学，2008：11-12.

[74] 魏敏. 思南路47-48号街坊的整体性保护研究——在城市化进程中的历史中心区[D]. 上海：同济大学，2006：2-6.

[75] 宋言奇. 论城市历史环境的保护设计[D]. 北京：中国社会科学院研究生院，2003. 11-12.

[76] 李致伟. 通过日本百年非物质文化遗产保护历程探讨日本经验[D]. 北京：中国艺术研究院，2014：15-16.

[77] [日]荣山庆二. 日本文物建筑保护及维修方法研究——并浅述中国保护现状[D]. 北京：清华大学，2013：62-76.

[78] 林源. 中国建筑遗产保护基础理论研究[D]. 西安：西安建筑科技大学，2007：46.

[79] 钱皓强. 新时代平江历史街区的保护建设与创新[D]. 苏州：苏州大学，2019.

[80] 马艳. 苏州历史街区保护与更新的经验、问题和对策研究[D]. 苏州：苏州大学，2012：10.

[81] 罗盈. 成都历史文化街区的现状与发展研究——以宽窄巷子为例[D]. 广州：广东工业大学，2014：14-15.

[82] 胡晓. 原真性视角下的成都宽窄巷子保护性改造研究与反思[D]. 重庆：重庆大学，2015：21-23.

[83] 王晓亚. 城市历史文化街区保护与更新策略研究[D]. 重庆：西南大学，2018：56.

[84] 刘润. 资本、权力与地方：成都市文化空间生产研究[D]. 兰州：兰州大学，2015：105.

[85] 侯银丰. 芙蓉街——百花洲历史文化街区保护与发展研究[D]. 济南：山东大学，2018：35.

[86] 蔡宇琨. 桂林靖江王府研究及其保护初探[D]. 北京：北京大学，2008：33.

[87] 臧鑫宇. 绿色街区城市设计策略与方法研究[D]. 天津：天津大学，2014：23-24.

[88] 李巍. 目标导向层次分析方法及其应用研究[D]. 长春：吉林大学，2019：50-51.

[89] 苏瑞琪. 基于AHP法的东北传统民居宜居性评价体系研究[D]. 哈尔滨：哈尔滨工业大学，2016：44-45.

[90] 汪平西. 城市旧居住区更新的综合评价与规划路径研究[D]. 南京：东南大学，2019：72-73.

[91] 毕凌岚. 生态城市物质空间系统结构模式研究[D]. 重庆：重庆大学，2004：103-104.

[92] 曹妍雪. 民族旅游游客体验真实性对满意度的影响研究[D]. 西安：西北大学，2018：42-23.

[93] 黄瑛. 城市传统民居型历史地段的产权体系构建与保护更新研究[D]. 南京：南京大学. 2012：72-80.